现代服务领域技能型人才培养模式创新规划教材

平面设计专业

中国高等职业技术教育研究会科研项目优秀成果

U0146401

图像处理

与平面设计必备软件

——Photoshop CS5

详解

主编 李凯 郑宏

副主编 蔡世新 刘 涛 刘浩然 秦 俊

 中国水利水电出版社

www.waterpub.com.cn

内容提要

本书以Photoshop CS5版本为载体,将基础知识和实际运用相结合为用户进行讲解。不仅在技术方面包含了Photoshop的所有功能使用,更提供了大量经典实例的制作与展示供读者演练、学习。

本书共分11个章节,对基础知识与具体操作等方面内容进行了全方位讲解,章节内容包括:Photoshop简介、像素的选取、图像的基本编辑操作、绘画与修饰、图层、蒙版与通道、路径和文字、图像的色彩调整、滤镜、混合模式、图像处理程序化。

本书以实际应用为出发点,选用大量经典案例。这些案例不仅包含了大量的商业案例,更有丰富的创意设计作品,令本书的实用价值大大提高。同时,书中还包含了大量的操作技巧,这些技巧使读者从繁琐的工作中解脱出来,更加高效。

本书所需图片素材读者可从中国水利水电出版社网站和万水书苑免费下载,网址为:http://www.waterpub.com.cn/softdown/和http://www.wsbookshow.com。

图书在版编目(CIP)数据

图像处理与平面设计必备软件:Photoshop CS5详解/ 李凯,郑宏主编. -- 北京:中国水利水电出版社,2011.8
现代服务领域技能型人才培养模式创新规划教材
ISBN 978-7-5084-8711-3

Ⅰ. ①图… Ⅱ. ①李… ②郑… Ⅲ. ①图象处理软件,Photoshop CS3-职业教育-教材 Ⅳ. ①TP391.41

中国版本图书馆CIP数据核字(2011)第115747号

策划编辑:石永峰/陈洁 责任编辑:杨元泓 加工编辑:冯玮 封面设计:李佳

书 名	现代服务领域技能型人才培养模式创新规划教材 **图像处理与平面设计必备软件——Photoshop CS5详解**	
作 者	主 编 李 凯 郑 宏 副主编 蔡世新 刘 涛 刘浩然 秦 俊	
出版发行	中国水利水电出版社 (北京市海淀区玉渊潭南路1号D座 100038) 网 址:www.waterpub.com.cn E-mail:mchannel@263.net(万水) sales@waterpub.com.cn 电 话:(010)68367658(营销中心)、82562819(万水)	
经 售	全国各地新华书店和相关出版物销售网点	
排 版	北京万水电子信息有限公司	
印 刷	北京市天竺颖华印刷厂	
规 格	184mm×260mm 16开本 15.5印张 387千字	
版 次	2011年8月第1版 2011年8月第1次印刷	
印 数	0001—3000册	
定 价	49.80元	

现代服务业技能人才培养培训模式研究与实践
课题组名单

顾　问：王文槿　李燕泥　王成荣

　　　　汤鑫华　周金辉　许　远

组　长：李维利　邓恩远

副组长：郑锐洪　闫　彦　邓　凯　李作聚

　　　　王文学　王淑文　杜文洁　陈彦许

秘书长：杨庆川

秘　书：杨　谷　周益丹　胡海家

　　　　陈　洁　张志年

课题参与院校

北京财贸职业学院
北京城市学院
国家林业局管理干部学院
北京农业职业学院
北京青年政治学院
北京思德职业技能培训学校
北京现代职业技术学院
北京信息职业技术学院
福建对外经济贸易职业技术学院
泉州华光摄影艺术职业学院
广东纺织职业技术学院
广东工贸职业技术学院
广州铁路职业技术学院
桂林航天工业高等专科学校
柳州铁道职业技术学院
贵州轻工职业技术学院
贵州商业高等专科学校
河北公安警察职业学院
河北金融学院
河北软件职业技术学院
河北政法职业学院
中国地质大学长城学院
河南机电高等专科学校
开封大学
大庆职业学院
黑龙江信息技术职业学院
伊春职业学院
湖北城市建设职业技术学院
武汉电力职业技术学院
武汉软件工程职业学院
武汉商贸职业学院
武汉商业服务学院
武汉铁路职业技术学院
武汉职业技术学院
湖北职业技术学院
荆州职业技术学院
上海建桥学院

常州纺织服装职业技术学院
常州广播电视大学
常州机电职业技术学院
常州建东职业技术学院
常州轻工职业技术学院
常州信息职业技术学院
江海职业技术学院
金坛广播电视大学
南京化工职业技术学院
苏州工业园区职业技术学院
武进广播电视大学
辽宁城市建设职业技术学院
大连职业技术学院
大连工业大学职业技术学院
辽宁农业职业技术学院
沈阳师范大学工程技术学院
沈阳师范大学职业技术学院
沈阳航空航天大学
营口职业技术学院
青岛恒星职业技术学院
青岛职业技术学院
潍坊工商职业学院
山西省财政税务专科学校
陕西财经职业技术学院
陕西工业职业技术学院
天津滨海职业学院
天津城市职业学院
天津天狮学院
天津职业大学
浙江机电职业技术学院
鲁迅美术学院
宁波职业技术学院
浙江水利水电专科学校
太原大学
太原城市职业技术学院
兰州资源环境职业技术学院

实践先进课程理念 构建全新教材体系

——《现代服务领域技能型人才培养模式创新规划教材》

出版说明

"现代服务领域技能型人才培养模式创新规划教材"丛书是由中国高等职业技术教育研究会立项的《现代服务业技能人才培养培训模式研究与实践》课题[①]的研究成果。

进入新世纪以来，我国的职业教育、职业培训与社会经济的发展联系越来越紧密，职业教育与培训的课程的改革越来越为广大师生所关注。职业教育与职业培训的课程具有定向性、应用性、实践性、整体性、灵活性的突出特点。任何的职业教育培训课程开发实践都不外乎注重调动学生的学习动机，以职业活动为导向、以职业能力为本位。目前，职业教育领域的课程改革领域，呈现出指导思想多元化、课程结构模块化、职业技术前瞻化、国家干预加强化的特点。

现代服务类专业在高等职业院校普遍开设，招生数量和在校生人数占到高职学生总数的40%左右，以现代服务业的技能人才培养培训模式为题进行研究，对于探索打破学科系统化课程，参照国家职业技能标准的要求，建立职业能力系统化专业课程体系，推进高职院校课程改革、推进双证书制度建设有特殊的现实意义。因此，《现代服务业技能人才培养培训模式研究与实践》课题是一个具有宏观意义、沟通微观课程的中观研究，具有特殊的桥梁作用。该课题与人力资源和社会保障部的《技能人才职业导向式培训模式标准研究》课题[②]的《现代服务业技能人才培训模式研究》子课题并题研究。经过酝酿，于2008年底进行了课题研究队伍和开题准备，2009年正式开题，研究历时16个月，于2010年12月形成了部分成果，具备结题条件。课题组通过高等职业技术教育研究会组织并依托60余所高等职业院校，按照现代服务业类型分组，选取市场营销、工商企业管理、电子商务、物流管理、文秘、艺术设计专业作为案例，进行技能人才培养培训模式研究，开展教学资源开发建设的试点工作。

《现代服务业技能人才培养培训方案及研究论文汇编》（以下简称《方案汇编》）、《现代服务领域技能型人才培养模式创新规划教材》（以下简称《规划教材》）既作为《现代服务业技能人才培养培训模式研究与实践》课题的研究成果和附件，也是人力资源和社会保障部部级课题《技能人才职业导向式培训模式标准研究》

---

① 课题来源：中国高等职业技术教育研究会，编号：GZYLX2009-201021
② 课题来源：人力资源和社会保障部职业技能鉴定中心，编号：LA2009-10

的研究成果和附件。

《方案汇编》收录了包括市场营销、工商企业管理、电子商务、物流管理、文秘（商务秘书方向、涉外秘书方向）、艺术设计（平面设计方向、三维动画方向）共6个专业8个方向的人才培养方案。

《规划教材》是依据《方案汇编》中的人才培养方案，紧密结合高等职业教育领域中现代服务业技能人才的现状和课程设置进行编写的，教材突出体现了"就业导向、校企合作、双证衔接、项目驱动"的特点，重视学生核心职业技能的培养，已经经过中国高等职业技术教育研究会有关专家审定，列入人力资源和社会保障部职业技能鉴定中心的《全国职业培训与技能鉴定用书目录》。

本课题在研究过程中得到了中国水利水电出版社的大力支持。本丛书的编审委员会由从事职业教育教学研究、职业培训研究、职业资格研究、职业教育教材出版等各方面专家和一线教师组成。上述领域的专家、学者均具有较强的理论造诣和实践经验，我们希望通过大家共同的努力来实践先进职教课程理念，构建全新职业教育教材体系，为我国的高等职业教育事业以及高技能人才培养工作尽自己一份力量。

丛书编审委员会

现代服务领域技能型人才培养模式创新规划教材

平面设计专业编委会

前言
QIANYAN

    Photoshop是Adobe公司旗下最为出名的图像处理软件之一，集图像扫描、编辑修改、图像制作、广告创意，图像输入与输出于一体的图形图像处理软件，深受广大平面设计人员和电脑美术爱好者的喜爱。其应用领域广泛，在图像、图形、文字、视频、出版各方面都有涉及。

    本书以Photoshop CS5版本为载体，将基础知识和实际运用相结合为用户进行讲解。不仅在技术方面包含了Photoshop的所有功能使用，更提供了大量经典实例的制作与展示供读者演练、学习。

    本书对Photoshop CS5基础知识与具体操作等方面内容进行了全方位讲解，每一章节内容前设有"学习目标"，列出学生通过本章学习后需要具备的能力，让学生有明确的学习目的，也让任课老师对自己的讲解有一个把握，通过章节的"任务"使学生对软件的具体操作方法了解得更加详尽。期间穿插的"案例操作"对章节中的重点知识点进行运用，并结合"重难点知识回顾"、"课后习题"对各章节中重点内容进行了复习，从而加深读者印象。

    本书以实际应用为出发点，选用大量经典案例。这些案例不仅包含了大量的商业案例，更有丰富的创意设计作品，令本书的实用价值大大提高。同时，书中还包含了大量的操作技巧，这些技巧使读者从繁琐的工作中解脱出来，更加高效。

    本书由多名在高校从事艺术设计教学的一线教师与实践经验丰富的设计师共同合作编写。全书由李凯整体策划及统稿完成，李凯、郑宏担任主编，蔡世新、刘涛、刘浩然、秦俊担任副主编，李淼、胡芬玲、李岱松、王荣国等参加了部分内容的编写。第1章及第2章由郑宏编写，第3章由李淼编写，第4章及第11章由刘涛编写，第5章、第9章及第7章中的7.6、7.10、7.11、7.12由李凯编写，第7章中的其他部分由胡芬玲编写，第6章由刘浩然编写，第8章由秦俊编写，第10章由蔡世新编写。

    由于在写作过程中难免出现错误与疏漏，为使本书更加完美与专业，我们衷心希望接触到本书的教师与学生、专家与学者给予批评指正，以便今后修订完善。

编者

2011年5月

目录
MULU

前言

第1章 Photoshop简介 ············ 1

1.1 Photoshop概述 ·······················2

 1.1.1 发展史 ·························2

 1.1.2 最新版本功能突破 ············3

 1.1.3 Photoshop在设计中的应用 ·····3

1.2 Photoshop CS5软件组成模块及指令
操作方式 ·······················5

 1.2.1 Photoshop CS5工作环境简介·6

 1.2.2 Photoshop常用辅助工具 ········8

 1.2.3 Photoshop的指令操作方式 ···10

1.3 Photoshop CS5中文件的基本操作 ··10

 1.3.1 打开关闭文件 ·············10

 1.3.2 新建文件 ················11

 1.3.3 存储文件 ················12

1.4 Photoshop CS5中图像的基本操作 ··13

 1.4.1 图像和图像窗口的缩放 ········13

 1.4.2 像素、分辨率 ·············13

 1.4.3 图像的恢复操作 ···········15

1.5 任务一：在软件中打开图像文件 ···16

1.6 任务二：放大图像查看图像细节 ···17

1.7 课后习题 ·························18

第2章 像素的选取 ·············· 19

2.1 规则选取的创建 ·················20

 2.1.1 创建矩形和正方形选区 ·······20

 2.1.2 创建椭圆和正圆选区 ·······21

 2.1.3 创建十字形选区 ···········21

2.2 不规则选区的创建 ···············21

 2.2.1 创建自由选区 ·············21

 2.2.2 创建不规则多边形选区 ·······21

 2.2.3 创建精确选区 ·············22

 2.2.4 快速创建选区 ·············22

 2.2.5 利用色彩范围命令创建
选区 ··················22

2.3 选区的基本编辑与调整 ···········22

 2.3.1 选区的修改 ··············22

 2.3.2 选区的运算 ··············24

2.4 任务一：为图像更换背景 ·········24

2.5 任务二：利用矩形选框工具制作
画框 ··························26

2.6 任务三：平面构成制作 ···········29

2.7 课后习题 ·························34

目录

第3章　图像的基本编辑操作 ·· 35

3.1　图像裁剪与透视调整 ·················36
  3.1.1　图像裁剪 ···················36
  3.1.2　透视裁剪 ···················36

3.2　图像尺寸大小与画布大小的调整 ···37
  3.2.1　调整图像大小 ···············37
  3.2.2　调整画布大小 ···············38

3.3　图像描边与色彩填充 ···············38
  3.3.1　图像描边 ···················38
  3.3.2　填充 ·······················39

3.4　图像的变换与变形操作 ···········40
  3.4.1　【自由变换】命令 ···········41
  3.4.2　【变换】命令 ···············42
  3.4.3　【操控变形】命令 ···········43

3.5　任务一：裁剪与透视调整 ·········44
  3.5.1　教学案例 ···················44
  3.5.2　知识扩展 ···················45
  3.5.3　案例操作 ···················45

3.6　任务二：手机屏保图片制作 ·······45
  3.6.1　教学案例 ···················45
  3.6.2　知识扩展 ···················47

3.7　任务三：制作酒包装效果 ·········47
  3.7.1　教学案例 ···················47
  3.7.2　知识扩展 ···················50
  3.7.3　案例操作 ···················50

3.8　任务四：制作卡片背景 ···········50
  3.8.1　教学案例 ···················50
  3.8.2　知识扩展 ···················54

3.9　任务五：动作变形 ···············54
  3.9.1　教学案例 ···················54
  3.9.2　知识扩展 ···················56

3.10　课后习题 ·······················56

第4章　绘画与修饰 ·············58

4.1　颜色设置 ·······················59
  4.1.1　前景色与背景色色块 ·········59
  4.1.2　【颜色】面板 ···············60
  4.1.3　【色板】面板 ···············60
  4.1.4　【吸管】工具 ···············61

4.2　渐变工具 ·······················62

4.3　任务一：为风景照片增加彩虹 ·······62

4.4　绘画工具 ·······················64
  4.4.1　画笔工具 ···················64
  4.4.2　【混合器画笔】工具 ·········68

4.5　任务二：绘制国画梅花 ···········68

4.6　任务三：绘制丝带 ···············73

4.7　照片修复工具 ···················75
  4.7.1　【历史记录画笔】工具 ·······75
  4.7.2　【污点修复画笔】工具 ·······76
  4.7.3　【修复画笔】工具 ···········76
  4.7.4　【仿制图章】工具 ···········77

4.8　任务四：剔除照片中多余的人物 ···78

4.9　照片润饰工具 ···················80
  4.9.1　【模糊】工具 ···············80
  4.9.2　【锐化】工具 ···············81
  4.9.3　【加深】工具和【减淡】
     工具 ·······················81

4.10　任务五：装饰咖啡杯 ···········81

4.11　橡皮擦工具 ···················83
  4.11.1　【橡皮擦】工具 ···········83
  4.11.2　【背景橡皮擦】工具 ·······83
  4.11.3　【魔术橡皮擦】工具 ·······83

4.12　课后习题 ·······················83

第5章　图层 ···············85

5.1　图层的理解与基本操作 ········86
　　5.1.1　认识图层 ···············86
　　5.1.2　图层的基本编辑 ·······87

5.2　图层的显示与移动 ···········89
　　5.2.1　显示与隐藏 ···········89
　　5.2.2　锁定图层 ·············89
　　5.2.3　图层的位置移动与变换 ···89
　　5.2.4　图层的对齐和分布 ·····90
　　5.2.5　图层层次关系 ·········90

5.3　图层的简单管理 ············90
　　5.3.1　图层的链接 ···········90
　　5.3.2　图层的合并与盖印 ·····90
　　5.3.3　图层组 ···············91

5.4　图层的不透明度 ············92
　　5.4.1　不透明度 ·············92
　　5.4.2　填充不透明度 ·········92

5.5　任务一：应用图层样式制作立体
　　　花纹装饰 ················93
　　5.5.1　教学案例 ·············93
　　5.5.2　知识扩展 ·············97
　　5.5.3　案例扩展 ·············97

5.6　任务二：应用图层样式制作岩石
　　　字体 ···················97
　　5.6.1　教学案例 ·············97
　　5.6.2　知识扩展：其他图层样式 ··100
　　5.6.3　案例扩展 ············100

5.7　任务三：应用图层知识设计制作
　　　大众汽车广告 ···········100
　　5.7.1　教学案例 ············101
　　5.7.2　知识扩展：管理样式 ···104
　　5.7.3　案例扩展 ············105

5.8　课后习题 ·················105

第6章　蒙版与通道 ···········107

6.1　蒙版的类型与使用 ·········108
　　6.1.1　快速蒙版 ············108
　　6.1.2　矢量蒙版 ············110
　　6.1.3　图层蒙版 ············112
　　6.1.4　剪贴蒙版 ············115

6.2　任务一：利用图层蒙版为艺术照
　　　添加背景 ···············116

6.3　通道的概念和通道面板 ·····118
　　6.3.1　通道的概念 ··········118
　　6.3.2　通道面板组成 ········119

6.4　了解通道的种类 ···········120
　　6.4.1　Alpha通道 ··········121
　　6.4.2　颜色通道 ············121
　　6.4.3　复合通道 ············121
　　6.4.4　专色通道 ············121
　　6.4.5　矢量通道 ············122

6.5　通道的创建与编辑 ·········122
　　6.5.1　通道的创建 ··········122
　　6.5.2　复制和删除通道 ······123
　　6.5.3　分离和合并通道 ······123

6.6　任务一：利用通道制作特殊选区 ··124

6.7　任务二：利用通道抠图为照片更
　　　换背景 ···············127

6.8　课后习题 ·················130

第7章　路径和文字 ···········131

7.1　位图与矢量图 ·············132
　　7.1.1　位图 ················132
　　7.1.2　矢量图 ··············132

7.2　路径的创建与调整 ·········133

目　录

7.2.1　使用钢笔工具创建路径⋯⋯133
7.2.2　了解自由钢笔工具⋯⋯⋯133
7.2.3　添加和删除锚点⋯⋯⋯⋯133
7.2.4　转换锚点调整路径⋯⋯⋯134
7.3　路径的编辑⋯⋯⋯⋯⋯⋯⋯134
　　7.3.1　路径选择⋯⋯⋯⋯⋯⋯134
　　7.3.2　复制和删除路径⋯⋯⋯135
　　7.3.3　存储路径⋯⋯⋯⋯⋯⋯135
　　7.3.4　描边路径⋯⋯⋯⋯⋯⋯135
7.4　任务一：利用钢笔工具抠取鸟巢
　　　图像⋯⋯⋯⋯⋯⋯⋯⋯⋯⋯136
　　7.4.1　教学案例⋯⋯⋯⋯⋯⋯136
　　7.4.2　知识扩展⋯⋯⋯⋯⋯⋯137
　　7.4.3　案例操作⋯⋯⋯⋯⋯⋯137
7.5　任务二：利用路径绘制个性图案⋯137
　　7.5.1　教学案例⋯⋯⋯⋯⋯⋯138
　　7.5.2　知识扩展⋯⋯⋯⋯⋯⋯140
　　7.5.3　案例操作⋯⋯⋯⋯⋯⋯140
7.6　任务三：利用路径工具绘矢量
　　　插画⋯⋯⋯⋯⋯⋯⋯⋯⋯⋯140
　　7.6.1　教学案例⋯⋯⋯⋯⋯⋯140
　　7.6.2　案例扩展⋯⋯⋯⋯⋯⋯145
7.7　文字的输入⋯⋯⋯⋯⋯⋯⋯146
　　7.7.1　认识文字工具组⋯⋯⋯146
　　7.7.2　输入水平和垂直文字⋯146
　　7.7.3　输入段落文字⋯⋯⋯⋯147
　　7.7.4　创建文字型选区⋯⋯⋯147
7.8　文字格式和段落格式⋯⋯⋯147
　　7.8.1　认识字符面板⋯⋯⋯⋯148
　　7.8.2　设置文字格式⋯⋯⋯⋯148
　　7.8.3　设置文字效果⋯⋯⋯⋯149
　　7.8.4　设置段落格式⋯⋯⋯⋯149
7.9　格式的编辑⋯⋯⋯⋯⋯⋯⋯149

7.9.1　更改文字的排列方式⋯⋯150
7.9.2　转换点文字与段落文字⋯⋯150
7.9.3　变形文字⋯⋯⋯⋯⋯⋯150
7.9.4　沿路径绕排文字⋯⋯⋯151
7.10　任务四：艺术字设计实例⋯⋯151
　　7.10.1　教学案例⋯⋯⋯⋯⋯151
　　7.10.2　案例操作⋯⋯⋯⋯⋯153
7.11　任务五：利用文字排版设计的
　　　　实例⋯⋯⋯⋯⋯⋯⋯⋯154
　　7.11.1　教学案例⋯⋯⋯⋯⋯154
　　7.11.2　案例操作⋯⋯⋯⋯⋯156
7.12　任务六：结合路径与文字制作
　　　　名片⋯⋯⋯⋯⋯⋯⋯⋯157
7.13　课后习题⋯⋯⋯⋯⋯⋯⋯160

第8章　图像的色彩调整⋯⋯⋯161

8.1　调整图层的作用⋯⋯⋯⋯⋯162
8.2　任务一：亮度/对比度、自动色阶
　　　修改图片⋯⋯⋯⋯⋯⋯⋯162
　　8.2.1　教学案例⋯⋯⋯⋯⋯⋯162
　　8.2.2　知识扩展⋯⋯⋯⋯⋯⋯163
8.3　任务二：曲线调整画面亮度和
　　　色彩⋯⋯⋯⋯⋯⋯⋯⋯⋯163
　　8.3.1　教学案例⋯⋯⋯⋯⋯⋯163
　　8.3.2　知识扩展⋯⋯⋯⋯⋯⋯164
8.4　任务三：色阶调整画面对比度和
　　　色彩⋯⋯⋯⋯⋯⋯⋯⋯⋯165
　　8.4.1　教学案例⋯⋯⋯⋯⋯⋯165
　　8.4.2　知识扩展⋯⋯⋯⋯⋯⋯165
8.5　任务四：曝光度调整画面亮度和
　　　对比度⋯⋯⋯⋯⋯⋯⋯⋯166
　　8.5.1　教学案例⋯⋯⋯⋯⋯⋯166
　　8.5.2　知识扩展⋯⋯⋯⋯⋯⋯166

8.6 任务五：色相/饱和度调整画面
    色彩 ·······················166
    8.6.1 教学案例 ············167
    8.6.2 知识扩展 ············167

8.7 任务六：色彩平衡调整画面色彩··168

8.8 任务七：调整彩色照片为黑白
    效果 ·······················168
    8.8.1 教学案例 ············168
    8.8.2 知识扩展 ············169

8.9 任务八：通道混合器调整画面
    色彩 ·······················170
    8.9.1 教学案例 ············170
    8.9.2 知识扩展 ············171

8.10 任务九：利用阈值等命令制作
    照片特效 ···················171
    8.10.1 教学案例 ···········171
    8.10.2 知识扩展 ···········172

8.11 任务十：利用阴影/高光调整曝
    光过度和不足的照片 ·······172
    8.11.1 教学案例 ···········172
    8.11.2 知识扩展 ···········173

8.12 任务十一：利用HDR色调模拟
    高动态范围照片 ···········173
    8.12.1 教学案例 ···········173

8.13 任务十二：利用色调均化调整
    画面层次 ···················174
    8.13.1 教学案例 ···········174
    8.13.2 知识扩展 ···········174

8.14 任务十三：利用匹配颜色调整
    画面色调 ···················175

8.15 课后习题 ···················176

第9章　滤镜 ······················177

9.1 滤镜简介 ·····················178
    9.1.1 滤镜概述 ············178
    9.1.2 滤镜的作用 ··········178
    9.1.3 滤镜菜单 ············178
    9.1.4 滤镜的分类 ··········179
    9.1.5 滤镜的操作 ··········179
    9.1.6 智能滤镜 ············180

9.2 任务一：应用扭曲及模糊滤镜为
    风景画增添霞光万缕的效果 ·······181
    9.2.1 教学案例 ············181
    9.2.2 知识扩展 ············184
    9.2.3 案例扩展 ············185

9.3 任务二：应用渲染、像素化、模
    糊、扭曲等滤镜制作钻戒广告···185
    9.3.1 教学案例 ············185
    9.3.2 知识扩展 ············189
    9.3.3 案例扩展 ············190

9.4 任务三：应用多种滤镜完成彩条
    麻料围巾的制作 ···········190
    9.4.1 教学案例 ············190
    9.4.2 知识扩展 ············197
    9.4.3 案例操作 ············198

9.5 外挂滤镜简述 ···············198

9.6 课后习题 ·····················198

第10章　混合模式 ···············200

10.1 图层混合模式的定义 ·······201

10.2 图层混合模式的分类 ·······201

10.3 任务一：混合模式中的杂牌军···201
    10.3.1 教学案例 ···········201
    10.3.2 知识扩展 ···········202

目 录

10.4 任务二：混合模式中的

黑暗兵团 ·············203

 10.4.1 教学案例1：招贴制作 ·····203

 10.4.2 教学案例2：杂志封面

设计 ·············204

 10.4.3 知识扩展 ·············206

10.5 任务三：混合模式中的明日帝国207

 10.5.1 教学案例：更换婚纱照

背景 ·············207

 10.5.2 知识扩展 ·············208

10.6 任务四：混合模式中的突击队 ···209

 10.6.1 教学案例：制作爱情卡片 ··209

 10.6.2 知识扩展 ·············211

10.7 任务五：混合模式中的排雷兵 ···212

 10.7.1 教学案例：制作梦幻主题

创意图片 ·············212

 10.7.2 知识扩展 ·············213

10.8 混合模式中的后群队 ·············214

 10.8.1 教学案例1：照片着色 ·····214

 10.8.2 教学案例2：制作卡通

桔子 ·············216

 10.8.3 知识扩展 ·············217

10.9 课后习题 ·············217

第11章 图像处理程序化 ····· 220

11.1 认识动作面板 ·············221

11.2 动作的应用 ·············222

 11.2.1 应用预设 ·············222

 11.2.2 创建新动作 ·············223

 11.2.3 编辑动作预设 ·············223

11.3 任务一：预设快速调整图像

色调 ·············224

11.4 自动化的应用 ·············227

 11.4.1 photomerge命令的应用 ·····227

 11.4.2 裁切并修齐照片 ·············227

 11.4.3 批处理图像的应用 ·········228

11.5 任务二：快速合成广角镜头下

的图像 ·············230

11.6 课后习题 ·············232

参考文献 ················· 234

1

Photoshop 简介

学 习 目 标

通过本章节的学习，使学生初步了解Photoshop的概况、工作环境等，掌握Photoshop基本操作，如打开、新建、关闭文件等，了解矢量图的概念及优缺点。

1.1 Photoshop概述

Photoshop是迄今为止世界上最畅销的图像编辑软件。它已成为许多涉及图像处理的行业的标准，并且是Adobe公司最大的收入来源。

1987年秋，托马斯·洛尔（Thomas Knoll），一名攻读博士学位的研究生，一直尝试编写一个程序，使得在黑白位图监视器上能够显示灰阶图像。他把该程序命名为Display。他的程序引起了他哥哥John的注意。当时John正效劳于Iindustrial Light Magic（ILM）公司——一家影视特效制作公司。随着《星球大战》的诞生，Lucas向世人证明真正的酷效，他让Thomas帮他编写一个程序处理数字图像，于是托马斯重新修改了Display的代码，使其具备羽化、色彩调整和颜色校正功能，并可以读取各种格式的文件，这个程序被托马斯改名为 Photoshop。如图1-1所示为创始人照片。

图1-1 创始人：Thomas和John

1.1.1 发展史

Adobe公司买下了Photoshop的发行权，并决定保留Photoshop这个名字。诺尔兄弟与Adobe公司正式合作后，1990年2月，Adobe公司发行了Photoshop 1.0版本。1991年2月，Adobe公司推出了Photoshop 2.0，新版本的重要特性就是引入了路径的概念，同时支持栅格化Illustrator文件、支持CMYK模式、双调图。随后开发了Photoshop 3.0、4.0、5.0、6.0等版本。在数码照片处理方面，真正的具有重大改进的是2002年3月的Photoshop 7.0，新增了修复画笔工具、修补工具、增加了控制面板的"泊坞"功能、集成了图片浏览与管理功能，以及一些基本的数码相机功能等。

2003年9月，Adobe再次给Photoshop用户带来惊喜，新版本Photoshop不再延续原来的叫法，而改称为Photoshop Creative Suite，即Photoshop CS，与Adobe其他的系列产品组合成一个创作套装软件，产品之间的融汇更加协调通畅。2005年推出了Photoshop CS2，与上一个版本相比，它增加了很多新功能，例如更多的创造性选项、按照用户使用习惯定制工作环境、增加了更多可以提高工作效率的文件处理功能、进一步增强的滤镜功能、新增的修复工具、网格变形命令等。2007年推出了Photoshop CS3，增加了智能滤镜、视频编辑功能、3D功能等，软件页面也进行了重新设计。2008年9月发布了Photoshop CS4，增加了旋转画布、绘制3D模型、GPU显卡加速等功能。

1.1.2 最新版本功能突破

最新版本的Photoshop CS5是在2010年4月发布的，是迄今为止最新的一个版本，Photoshop CS5有标准版和扩展版两个版本。Photoshop CS5标准版适合摄影师以及印刷设计人员使用。Adobe CS5推出了新的Content-Aware Fill功能，相比以前的修补工具，更加实用更加智能化。全新的类似Corel Painter的自然笔刷系统（比Painter更优秀的功能是倾斜时甚至可以模拟到笔刷毛的变化），范围颜色选取工具，精细到毛发的新的选择工具（这也是CS4中抽出工具不见了的原因），骨骼工具（可根据二维的人的光影自动分析其三维结构并且改变其动作）。

Photoshop CS5新增轻松完成复杂选择、内容感知型填充、操控变形、GPU 加速功能、出众的绘图效果、自动镜头校正、简化的创作审阅、更简单的用户界面管理、出众的 HDR 成像、更出色的媒体管理、最新的原始图像处理等功能。

1.1.3 Photoshop在设计中的应用

1．在平面设计中的应用

Photoshop的出现使平面设计发生了翻天覆地的变化。在平面设计与制作中，Photoshop已经完全渗透到了平面广告、包装、海报、pop、书籍装帧、印刷、制版等各个环节，如图1-2、图1-3所示。

图1-2 广告设计

图1-3 广告设计

2．在插画设计中的应用

当今可以绘制插画的软件多种多样，插画设计已经延伸到了网络、广告、CD封面甚至T恤上，使用Photoshop可以绘制出风格多样的插画，如图1-4、图1-5所示。

3．在数码摄影后期处理中的应用

Photoshop作为最强大的图像处理软件，可以完成从照片的扫描、输入，到较色、图像修正，再到分色输出等一系列专业化的工作。在Photoshop中可以找到色彩与色调的调整，照片的校正、修复与润饰、图像合成的最佳解决方法，如图1-6所示。

图1-4 插画设计

图1-5 插画设计

4．在网页设计中的应用

利用Photoshop可以制作网页页面，将绘制好的页面导入到Dreamweaver中进行处理，再用Flash添加动画，便可生成互动的网站页面，如图1-7所示。

图1-6 数码摄影后期处理

图1-7 网页设计

5．在界面设计中的应用

界面设计与制作主要是用Photoshop来完成，界面设计包括软件界面、游戏界面、手机操作界面、MP4、智能家电等。使用Photoshop的渐变、图层样式和滤镜等功能可以制作出各种真实的质感和特效，如图1-8所示。

6．在CG动漫设计中的应用

在Photoshop中可以独立完成二位CG插画的制作，3D模型的贴图通常需要在Photoshop中绘制，例如任务面部和皮肤的贴图等，而渲染出的图片也需要在Photoshop中做后期处理，如图1-9、图1-10所示。

图1-8 界面设计

图1-9 动漫设计

图1-10 动漫设计

1.2 Photoshop CS5软件组成模块及指令操作方式

Photoshop CS5的启动方式是，执行任务栏【开始】→【所有程序】→【Photoshop CS5】命令，或者双击桌面 上Photoshop CS5的快捷方式图标，即可进入Photoshop CS5的工作界面，如图1-11所示。其界面由8部分组成，即程序栏、标题栏、菜单栏、工具箱、工具属性栏、浮动面板、文档窗口、状态栏。

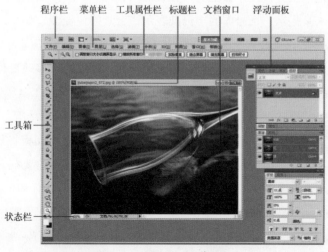

图1-11 工作界面

1.2.1　Photoshop CS5工作环境简介

　　程序栏可以调整Photoshop窗口大小，将窗口最大化、最小化或关闭，还可以直接访问Bridge、切换工作区、现实参考线、网格等。

　　（1）菜单栏：菜单栏中包含了可以执行的各种命令。单击菜单名称即可打开相应的菜单。如果命令为浅灰色，则表明该命令在目前状态下不能执行。命令右边的字母组合键代表该命令的快捷方式，在键盘上按下快捷键即可同样执行该命令。有的命令后面带省略号，则表示单击该命令后，会有对话框出现，可在对话框中具体定义该命令，如图1-12、图1-13所示。

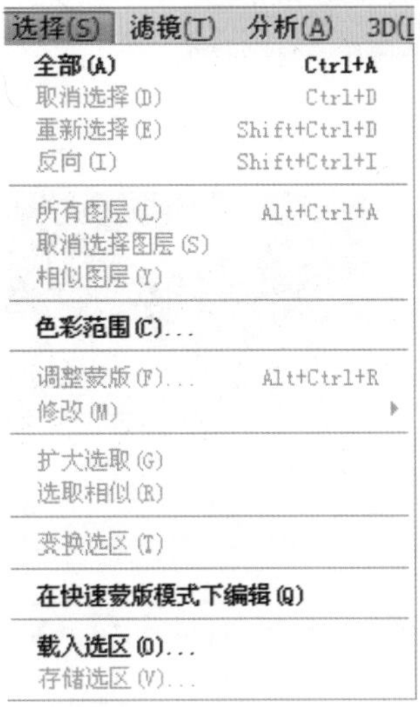

选择(S)　滤镜(T)　分析(A)　3D(D		
全部(A)	Ctrl+A	
取消选择(D)	Ctrl+D	
重新选择(E)	Shift+Ctrl+D	
反向(I)	Shift+Ctrl+I	
所有图层(L)	Alt+Ctrl+A	
取消选择图层(S)		
相似图层(Y)		
色彩范围(C)...		
调整蒙版(F)...	Alt+Ctrl+R	
修改(M)		
扩大选取(G)		
选取相似(R)		
变换选区(T)		
在快速蒙版模式下编辑(Q)		
载入选区(O)...		
存储选区(V)...		

图1-12　【选择】菜单

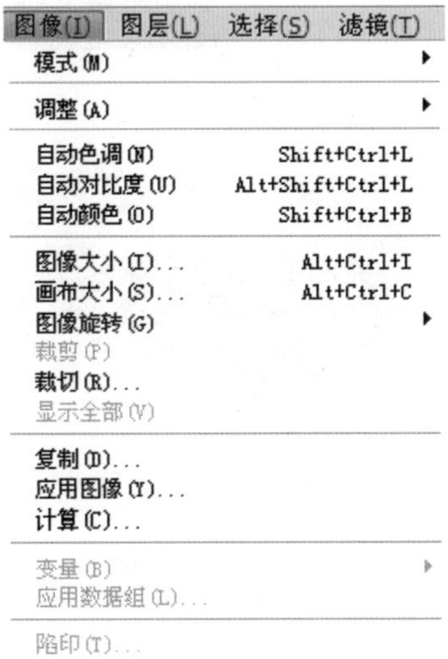

图像(I)　图层(L)　选择(S)　滤镜(T)		
模式(M)	▶	
调整(A)	▶	
自动色调(N)	Shift+Ctrl+L	
自动对比度(U)	Alt+Shift+Ctrl+L	
自动颜色(O)	Shift+Ctrl+B	
图像大小(I)...	Alt+Ctrl+I	
画布大小(S)...	Alt+Ctrl+C	
图像旋转(G)	▶	
裁剪(P)		
裁切(R)...		
显示全部(V)		
复制(D)...		
应用图像(Y)...		
计算(C)...		
变量(B)	▶	
应用数据组(L)...		
陷印(T)...		

图1-13　【图像】菜单

　　（2）工具箱：是在设计制作图像中用得最多的部分，在系统默认下，工具箱位于界面窗口的最左边。单击工具箱顶部的双箭头，可以将工具箱切换为单排（或双排）显示。鼠标拖动工具箱上部的蓝色条处，可以移动位置。如果在工具右下方有个黑色小三角形，则表示该工具位置还有其他子工具，按住该工具不放或右击该工具，即弹出工具组。如果在工具上停留片刻，会出现工具提示，括号内的字母则表示该工具的快捷键，如图1-14所示。

　　（3）工具属性栏：用来设置工具的属性，它会随着所选工具的不同而变换属性内容，如图1-15所示。在默认状态下，工具属性栏位于菜单下方，可以运用移动工具箱的方法将其调整到合适位置。单击菜单【窗口】→【选项】命令，可以隐藏或显示工具属性栏。

　　（4）浮动面板：用来设置颜色、工具参数，以及执行编辑命令等，如图1-16所示。Photoshop中包含了20多个面板，在【窗口】菜单中可以选择需要的面板将其打开。默认情况下，面板以选项卡的形式成组出现，并停靠在窗口右侧，可以根据需要打开、关闭或者自由组合面板，也可以通过拖移将这些浮动面板放置到屏幕中需要放置的任何位置。

　　（5）文档窗口：是图像文件的显示区域，也就是编辑或处理图像的区域，如图1-17所示。将鼠标指向标题栏并按住左键拖移，即可拖动文档窗口到所需位置。将鼠标指向文档窗口的四个角或四条边，当呈双箭头状时按住左键拖动，即可缩放文档窗口。

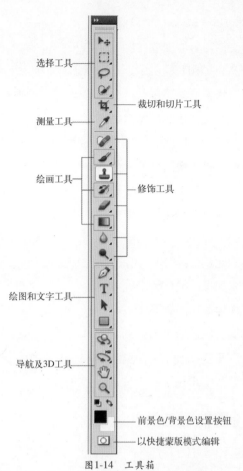

选择工具
裁切和切片工具
测量工具
绘画工具
修饰工具
绘图和文字工具
导航及3D工具
前景色/背景色设置按钮
以快捷蒙版模式编辑

图1-14　工具箱

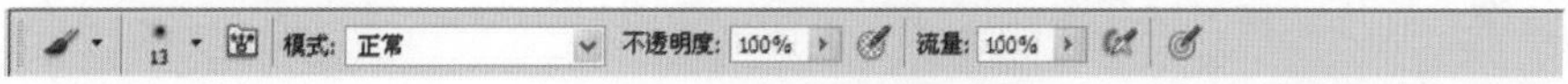

模式: 正常
不透明度: 100%
流量: 100%

图1-15　不同工具的工具属性栏

颜色 色板 样式
调整 蒙版
添加调整
"色阶"预设
"曲线"预设
"曝光度"预设
"色相/饱和度"预设
"黑白"预设
"通道混和器"预设
"可选颜色"预设
图层 通道 路径

图1-16　浮动面板

hbsj2_41.jpg @ 66.7%(RGB/8#)
66.67%
文档:1.34M/1.34M

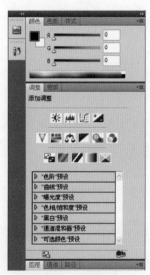

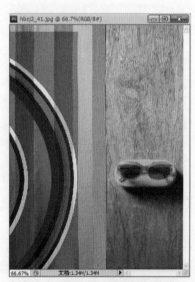

图1-17　文档窗口

（6）状态栏：在Photoshop CS5中，状态栏位于文档窗口底部，它可以显示文档窗口的缩放比例、文档大小、当前使用的工具等信息，如图1-18所示。单击状态栏上的黑色小三角，会弹出状态信息菜单，可自由选择所显示的状态信息。在状态栏上按住鼠标不放，则可以显示打印预览窗口，显示出打印图片和纸张的比例关系。

图1-18　状态栏

文档大小：显示当前所编辑图像的文档大小。

暂存盘大小：显示有关于处理图像的内存和Photoshop暂存盘的信息。

文档配置文件：显示当前所编辑图像的模式。

文档尺寸：显示图像的尺寸。

测量比例：显示文档的比例。

效率：显示当前所编辑图像的操作效率。

计时：显示当前编辑图像所用的时间。

当前工具：显示当前编辑图像所用的工具。

32位曝光：用于调整预览图像，以便在计算机显示器上查看32位/通道高动态范围（HDR）。只有文档窗口显示HDR图像时，该选项才可用。

1.2.2　Photoshop常用辅助工具

1. 标尺的设置与使用

标尺可以帮助我们确定图像和元素的位置。单击菜单【视图】→【标尺】命令，或按Ctrl+R快捷键，标尺就会出现在窗口顶部和左侧，如图1-19所示。如果此时移动光标，标尺内的标记会显示光标的精确位置。

图1-19　图像标尺效果

默认的情况下，标尺的原点位于窗口的左上角（0，0）标记处，修改原点的位置，可以从图像上的特定点开始进行测量。将光标放在原点上，单击向右下方拖动，画面中会出现十字线，将它拖放到需要的位置，该处便成为原点的新位置。

如果要将原点恢复为默认的位置，可在窗口的左上角双击。如果要修改标尺的测量单位，可以双击标尺，在打开的【首选项】对话框中设定，如图1-20所示。直接在标尺处右击可以调出标尺单位选项。如果要隐藏标尺，单击菜单【视图】→【标尺】命令，或按Ctrl+R快捷键。

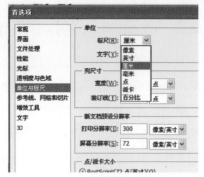

图1-20 标尺单位设置

2. 参考线的设置与使用

将光标放在水平标尺上，单击并向下拖动鼠标可拖出参考线。采用同样的方法可以在垂直标尺上拖出垂直参考线。如果要移动参考线，可选择移动工具。将参考线拖回标尺，可将其删除。如果要删除所有参考线，可执行菜单【视图】→【清楚参考线】命令。

执行菜单【视图】→【新建参考线】命令，打开【新建参考线】对话框，在【取向】选项中选择创建水平垂直参考线，在【位置】选项中输入参考线的精确位置，单击【确定】按钮，即可在指定位置创建参考线，如图1-21、图1-22所示。

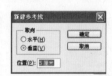

图1-21 参考线设置

图1-22 参考线效果

3. 网格的设置与使用

对于对称的布置对象非常有用。单击菜单【视图】→【显示】→【网格】命令，可以显示网格。显示网格后，单击【视图】→【对齐到】→【网格】命令启动对齐功能，在进行创建选区和移动图像等操作时，对象会自动对齐到网格上。

4. 快捷键及快捷键的设置

利用键盘快捷键可以大大提高作图速度。大量的快捷键记忆起来不容易，但是如果经常操作，自然而然就会记住了。执行【编辑】→【键盘快捷键】命令，可以打开【键盘快捷键和菜单】对话框，如图1-23所示，可以看到常用的快捷键，并可以对快捷键进行修改，通常是默认状态，不要随意修改，以免将快捷键弄混。

图1-23 【键盘快捷键和菜单】对话框

1.2.3　Photoshop的指令操作方式

要让计算机"听懂"人的想法，就要通过各种方式调出指令然后告诉计算机软件。在Photoshop里通常一个指令有多种操作方式。常用的操作分为：菜单操作，快捷按钮操作，鼠标左键、右键、操作中间，键盘快捷键操作、右键快捷操作，而且在Photoshop几乎每个面板上都有菜单，也都可以在不同区域使用快捷按钮和快捷键以及右键快捷方式，有些快捷方式要配合鼠标和键盘共同操作。熟练掌握这些操作能加快操作的速度。

1.3　Photoshop CS5中文件的基本操作

1.3.1　打开关闭文件

1．通过菜单打开文件

执行菜单【文件】→【打开】命令，可以弹出【打开】对话框，选择一个文件（如果要选择多个文件，可按住Ctrl键单击它们），如图1-24所示，单击【打开】按钮，或双击文件即可将其打开，如图1-25所示。

图1-24　【打开】对话框　　　　　　　　　　　　　　　图1-25　打开文件效果

2．通过快捷键打开文件

在没有运行Photoshop的情况下，只要将一个图像文件拖动到Photoshop应用程序图标上，如图1-26所示，就可以运行Photoshop并打开该文件。如果运行了Photoshop，则可以在Windows资源管理器中将文件拖动到Photoshop窗口中打开，如图1-27所示。

3．关闭文件

执行菜单【文件】→【关闭】命令，也可以按Ctrl+W快捷键，或者单击文档窗口右上角的按钮 ✖️ ，都可以关闭当前的图像文档。关闭多个文档，可以执行菜单【文件】→【关闭全部】命令关闭所有文件。

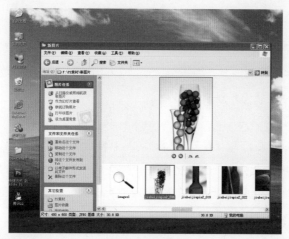

图1-26 图像文件

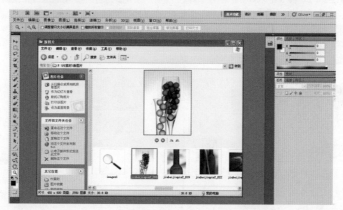

图1-27 拖动后

1.3.2 新建文件

执行菜单【文件】→【新建】命令，或按Ctrl+N快捷键，打开【新建】对话框，如图1-28所示，在对话框中输入文件的名称，设置文件的尺寸、分辨率、颜色模式和背景内容等选项，单击【确定】按钮，即可创建一个空白文件，如图1-29所示。

图1-28 【新建】对话框

图1-29 新建文件效果

1.3.3 存储文件

当我们打开一个图像文件并对其编辑之后，可以执行菜单【文件】→【存储】命令，或按Ctrl+S快捷键，保存所做的修改，图像会按照原来的格式存储。如果是一个新建的文件，则执行该命令时会打开【存储为】对话框。

如果要将文件保存为另外的名称和其他格式，或者存储在其他位置，可以执行菜单【文件】→【存储为】命令，在打开【存储为】对话框中将文件另存，如图1-30所示。

文件格式决定了图像数据的存储法方式、压缩方法、支持什么样的Photoshop功能，以及文件是否与一些引用程序兼容。使用"存储"或"存储为"命令保存图像时，可以在打开的对话框中选择文件的保存格式，如图1-31所示。

图1-30 【存储为】对话框　　　　　　图1-31 存储文件格式

psd格式：是Photoshop的专用格式，可以保存图像的层、通道等信息，但存储的文件较大。

bmp格式：是微软公司软件的专用格式，是一种标准的Windows图像格式。支持RGB、索引颜色、灰度和位图颜色模式，但不支持Alpha通道。可以指定图像采用Microsoft Windows或OS/2格式，并指定图像的位深度。对于使用Windows格式的4位和8位图像，可以RLE压缩。

gif格式：是8位图像文件，最多为256色，常用于网络传输。

eps语言文件格式：可以包含失量图和位图图形，几乎所有的图形、示意图和排版程序都支持该文件格式。

jpg格式：支持真彩色，文件较小，是较常用的图像格式。支持CMYK、RGB和灰度颜色模式，不支持Alpha通道。

tif格式：是一种位图图像格式，用于在应用程序之间和操作系统之间交换文件。支持带Alpha通道的CMYK、RGB和灰度模式，支持不带通道的Lab、索引颜色和位图文件，也支持LZW压缩。

1.4 Photoshop CS5中图像的基本操作

1.4.1 图像和图像窗口的缩放

1．图像缩放

执行菜单【视图】→【放大】/【缩小】命令，对图像进行放大或缩小操作。按Ctrl++或Ctrl+-快捷键，同样可以对图像进行放大或缩小的操作，如图1-32所示。

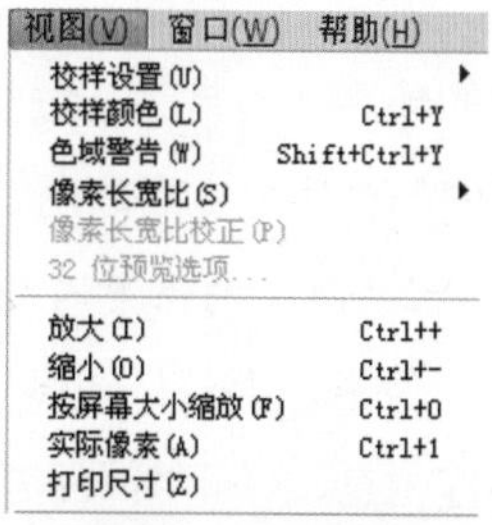

2．使用辅助工具缩放

使用工具箱放大 🔍/缩小 🔍 工具对图像进行缩放，按下 🔍 按钮后，单击鼠标可以放大窗口，如图1-33所示。按下 🔍 按钮后，单击鼠标可以缩小窗口，如图1-34所示。

视图(V) 窗口(W) 帮助(H)

校样设置(U) ▶
校样颜色(L) Ctrl+Y
色域警告(W) Shift+Ctrl+Y
像素长宽比(S) ▶
像素长宽比校正(P)
32 位预览选项…

放大(I) Ctrl++
缩小(O) Ctrl+-
按屏幕大小缩放(F) Ctrl+0
实际像素(A) Ctrl+1
打印尺寸(Z)

图1-32 图像缩放

图1-33 图片放大效果

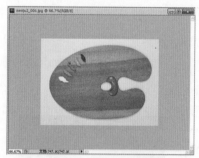

图1-34 图像缩小效果

3．图像窗口的缩放 （使用拖拽）

将鼠标放在图像窗口的一角进行拖拽，可以放大或缩小图像窗口，如图1-35、图1-36所示。

图1-35 图像窗口放大效果

图1-36 图像窗口缩小效果

1.4.2 像素、分辨率

1．图像类型

计算机的数字化图像分为位图和矢量图两种类型，Photoshop主要用来处理位图，

CorelDRAW和Illustrator主要处理矢量图。

位图也称为点阵图，它是由许多的点组成的，这些点被称为像素。位图图像可以表现丰富的色彩变化并产生逼真的效果，很容易在不同软件之间交换使用，占用的存储空间较大。

矢量图是通过数学的向量方式来进行计算，使用这种方法记录的文件占用的存储空间很小，由于它与分辨率无关，所以在进行旋转、缩放等操作时，可以保持对象光滑无锯齿。矢量图的缺点是不易制作色彩变化丰富的图像，并且绘制出来的图像也不是很逼真，同时也不易在不同的软件中交换使用。

2．图像的像素与分辨率

像素是组成位图图像最基本的元素。每一个像素都有自己的位置，并记载着图像的颜色、亮度信息，一个图像包含的像素越多，颜色信息越丰富，图像效果就越好，但文件也会随之增大。将任何一张图片放大，最后看到的都是不同颜色及亮度的四方形色块，这每一个色块就是一个像素，如图1-37所示。

分辨率是指单位长度内包含的像素点的数量，它的单位通常为像素/英寸（ppi），如72ppi表示每英寸包含72个像素点。分辨率决定了位图细节的精细程度，通常情况下，分辨率越高，包含的像素越多，图像就越清晰。如图1-38所示为相同打印尺寸但不同分辨率的两个图像，可以看到，低分辨率的图像有些模糊，高分辨率的图像就非常清晰。

图1-37　像素示意图

图1-38　不同分辨率图像对比效果

图像尺寸，即图像大小，在新建文档时可以设置文档尺寸。在打开图片后，也可以改变图像尺寸，可以通过更改图像长宽来改变图像尺寸，也可以通过改变图像分辨率来改变图像尺寸。图像尺寸越大，图像越清晰。具体方法为：执行菜单【图像】→【图像大小】命令来更改图像大小及分辨率，如图1-39、图1-40所示。

图1-39　【图像】菜单

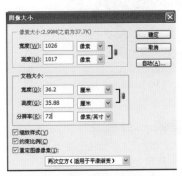

图1-40　【图像大小】对话框

屏幕分辨率是指在屏幕上单位长度内所含的像素的多少,以水平和垂直像素来衡量。如果将屏幕分辨率设置为1024×768,这就表示在屏幕的宽度上有1024个像素,在高度上有768个像素。一般屏幕分辨率就是由计算机的显卡性能所决定的。

打印机分辨率又成为输出分辨率,通常以点/英寸表示,它代表了打印输出的分辨率极限。较高的分辨率的打印机可以减少打印时残生的锯齿边缘,在灰度的半色调表现上也会较为平滑。

扫描仪分辨率指的是扫描仪的解析极限,一般也以点/英寸表示,但与打印机不同,如果扫描的源图像不清晰,即使设置再高的扫描分辨率,也只是会得到较大的图像文件,而不会增加图像的清晰度。

1.4.3 图像的恢复操作

在编辑图像过程中,如果操作出现了失误或对创建的效果不满意,可以撤消操作或者将图像恢复为最近保存过的状态。Photoshop提供了很多帮助用户恢复操作的功能。

1. 退出操作

执行菜单【文件】→【退出】命令,或按下Ctrl+Q快捷键,可以退出当前操作,如图1-41所示。

2. 恢复到上一步操作

(1) 还原与重做

执行菜单【编辑】→【还原】命令,或按下Ctrl+Z快捷键,可以撤消对图像所作的最后一次修改,将其还原到上一步编辑状态。如果想要取消还原操作,可以执行【编辑】→【重做】命令,或按下Ctrl+Z快捷键。

(2) 前进一步与后退一步

【还原】命令执行还原一步操作,如果要连续还原可以连续执行【编辑】→【后退一步】命令,或者连续按下Alt+Ctrl+Z快捷键,来逐步撤消操作。如果要取消还原,可以连续执行【编辑】→【前进一步】命令,或连续按下Shift+Ctrl+Z快捷键,逐步恢复被撤消的操作,如图1-42所示。

图1-41 【文件】菜单

图1-42 【编辑】菜单

3. 恢复到任意不操作

（1）恢复文件

执行【文件】→【恢复】命令，可以直接将文件恢复到最后一次保存时的状态。

（2）用历史记录面板还原操作

执行【窗口】→【历史记录】命令，打开【历史记录】面板，如图1-43所示。单击之前操作的步骤，便可还原文件操作。

图1-43 【历史记录】面板

1.5 任务一：在软件中打开图像文件

任务目的：掌握打开图片的方法，并能实践操作打开一张图像文件。

教学案例

案例操作步骤：

（1）运行Photoshop软件，执行菜单【文件】→【打开】命令，弹出【打开】对话框，如图1-44所示。

（2）选择一个文件，单击【打开】按钮，或双击文件打开该文件，如图1-45、图1-46所示。

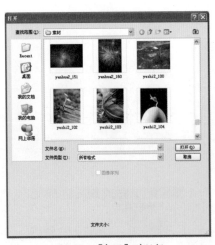

图1-44 【打开】对话框

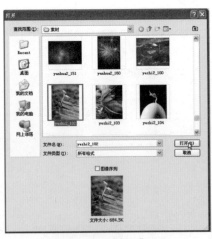

图1-45 单击【打开】按钮

图1-46　打开文件

1.6　任务二：放大图像查看图像细节

任务目的：掌握放大镜使用方法，并能实践操作放大图像局部细节。

教学案例

案例操作步骤：

（1）运行Photoshop软件，执行菜单【文件】→【打开】命令，打开一张图片，如图1-47所示。

（2）选择工具箱中的放大镜工具，鼠标左键框选图像想要放大的部分，如图1-48所示、放大效果如图1-49所示。

图1-47　图片文件

图1-48　选择放大部分

图1-49　放大后

重 难 点 知 识 回 顾

1．了解Photoshop概况与发展，掌握Photoshop的基本操作。

2．掌握位图与矢量图的区别，像素和分辨率的概念。

1.7 课后习题

一、填空题

1．在Photoshop中关闭文件的快捷键是_____。

2．在Photoshop中新建文件的快捷键是_____。

3．在Photoshop中放大图像的快捷键是_____。

4．在Photoshop中回退到上一步的快捷键是_____。

二、选择题

1．下列选项中不属于Photoshop CS5应用领域的是（　　）。

A．平面设计　　B．插画设计　　　C．网页设计　　　　D．室内平面图设计

2．下列选项中属于Photoshop CS5本身的格式的是（　　）。

A．jpg格式　　B．psd 格式　　　C．eps格式　　　　D．tif格式

3．下列选项中不属于位图特征的是（　　）。

A．分辨率越高位图图像越清晰　　　B．所占存储空间较大

C．通过数学的向量方式来进行计算　D．由许许多多的点组成

4．下列不属于回退到上一步的操作的是（　　）。

A．执行【编辑】→【还原】命令　　B．执行【编辑】→【后退一步】命令

C．按Ctrl+Z快捷键　　　　　　　　D．按键盘上的回退键

2

像素的选取

选区是Photoshop中的一个重要概念。本章节通过学习选区基本操作和选区修改的相关知识来了解选区，掌握不同选区的操作方法。

2.1 规则选取的创建

选择的含义：Photoshop中的各种选框工具，可以做选区，如果所编辑的文档上有选区，只能编辑和修改被选择上的部分，没有选择上的部分，将不受干扰。

蚂蚁线的含义：用选择工具创建选区，周围就会出现虚线，此虚线在Photoshop里被称作蚂蚁线，如图2-1所示。

Photoshop实现选择的种类：Photoshop中的矩形选框工具组，包括矩形选框工具 ⬚ 、椭圆选框工具 ○ 、单行选框工具 ▭ 和并列选框工具 ▯ ，用于创建规则形的选区。

图2-1　蚂蚁线效果

2.1.1 创建矩形和正方形选区

矩形选框工具 ⬚ 用于创建矩形和正方形选区。选择矩形选框工具 ⬚ ，在画面中单击并向右下角拖动鼠标创建矩形选区，如图2-2所示。使用矩形选框工具时，按住Shift键拖动鼠标可创建正方形选区；按住Alt键拖动鼠标，会以单击点为中心向外创建选区；按住Alt+Shift键，则会从中心向外创建正方形选区，如图2-3所示。

图2-2　矩形选区

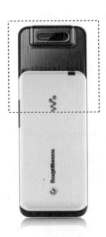

图2-3　正方形选区

2.1.2　创建椭圆和正圆选区

椭圆选框工具○用于创建椭圆和正圆选区。选择椭圆选框工具○，在画面中单击并向右下角拖动鼠标创建矩形选区，如图2-4所示。使用椭圆选框工具时，按住Shift键拖动鼠标可创建正圆选区；按住Alt键拖动鼠标，会以单击点为中心向外创建选区；按住Alt+Shift键，则会从中心向外创建正圆选区，如图2-5所示。

图2-4　椭圆选区

图2-5　正圆选区

2.1.3　创建十字形选区

单行选框工具━和单列选框工具▮用于创建十字形选取，如图2-6所示。

2.2　不规则选区的创建

图2-6　十字形选区

Photoshop中各种套索工具，包括套索工具○、多边形套索工具▽、磁性套索工具▷以及魔棒工具◣，用于创建不规则选区。

2.2.1　创建自由选区

套索工具○用于创建自由选区，如图2-7所示。

2.2.2　创建不规则多边形选区

多边形套索工具▽用于创建不规则多边形选区，如图2-8所示。

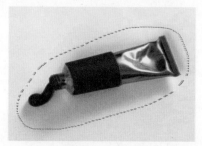

图2-7　自由选区

图2-8　多边形选区

2.2.3 创建精确选区

磁性套索工具 用于创建精确选区。

2.2.4 快速创建选区

魔棒工具 用于快速创建选区，如图2-9所示。

图2-9 魔棒创建选区效果

2.2.5 利用色彩范围命令创建选区

执行菜单【选择】→【色彩范围】命令用于选择颜色相近的像素范围，如图2-10、图2-11所示。

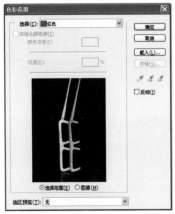

图2-10 色彩范围设置

图2-11 色彩范围创建选区效果

2.3 选区的基本编辑与调整

2.3.1 选区的修改

1. 选区的羽化

羽化用来设置选取的羽化值，范围在0～250像素间，该数值越高，羽化的范围越大，选区边缘就越模糊，如图2-12所示。

图2-12 羽化效果

2．选区的移动

将鼠标移动到选区范围内，按下左键拖动即可。拖动时按下Shift键只能水平、垂直和45度角拖动。精确移动利用4个方向键，按一下移动一个像素，同时按住Shift键，按一下移动十个像素，按下Ctrl键拖动可以移动选区图像。

3．调整边缘

单击选区属性栏的调整边缘按钮 调整边缘... ，打开【调整边缘】对话框，调整其数值，可以调整选区的边缘。

4．反向选择

有的时候需要把选区以外的部分选取出来，这个时候就会用到反向选择。执行菜单【选择】→【反向】命令，如图2-13所示。或者直接按Shift+Ctrl+I快捷键，选区以外的部分则会变为选区。

5．选区的修改

如果想在原来的选区的基础上进行扩展、收缩，将会用到选区的修改命令。执行【选择】→【修改】命令，可以看到有五个子菜单，可以对选区进行扩展、收缩、边界、平滑、羽化等的操作，如图2-14所示。

图2-13　反向选择效果

图2-14　选区修改

6．选区的变换

执行菜单【选择】→【变换选区】命令，可以在选区上显示定界框，如图2-15所示，拖动控制点即可单独对选区进行旋转、缩放等变换操作，选区内的图像不会受到影响。

图2-15　变换选区效果

7．选区的存储与载入

有时候需要把已经创建好的选区存储起来，方便以后再次使用。就要使用选区存储功能。创建选区后，直接单击右键（限于选取工具）出现的菜单中【存储选区】项目。也可以使用菜单【选择】→【存储选区】命令，会出现一个名称设置对话框，如图2-16、图2-17所示。需要载入存储的选区时，可以使用菜单【选择】→【载入选区】命令，之前存储的选区便会被载入到文件中。

图2-16　【选择】菜单

图2-17　【存储选区】对话框

2.3.2　选区的运算

有的时候一个选区无法达到我们的要求，这就需要运用选区的运算。选区的运算包括选区相加、选区相减、选区相交 。

2.4　任务一：为图像更换背景

任务目的：掌握磁性套索的使用方法，并能熟练将图片更换背景。

教学案例

1．案例背景

本任务在选取素材图上有一定的讲究。所选的人物边缘与背景反差要大，能清晰看出人物的边缘线，这样才能用磁性套索来制作选区。

2．案例效果

案例效果如图2-18、图2-19所示。

3．案例操作步骤

（1）打开一张人物图片，如图2-20所示。

（2）将人物用放大镜工具放大，用磁性套索工具 沿着人物边缘拖动鼠标（人物边缘必须清晰），把人物选取出来，如图2-21、图2-22所示。

图2-18　原图

图2-19　最终效果

图2-20　打开图片

图2-21　磁性套索勾画边缘

图2-22　选区效果

（3）执行【选择】→【修改】→【羽化】命令，羽化值为5，将选区进行羽化处理，如图2-23、图2-24所示。

（4）打开另一张背景图片，如图2-25所示。

（5）选择移动工具 ，将人物拖动到背景图片中，完成更换背景，如图2-26所示。

图2-23 羽化菜单   图2-24 羽化设置

图2-25 背景图片   图2-26 最终效果

2.5 任务二：利用矩形选框工具制作画框

任务目的：掌握选择菜单下的修改命令的使用方法以及选区变换的方法，并能熟练操作套索工具制作选区。

2.5.1 教学案例

1．案例背景

本任务在选取素材图上有一定的要求。所选的花卉或其他素材中主体部分的跨度要大，如花头伸得很长。制作的时候也要注意好空间的划分，把跨度较大的局部单独放在一个空间里，其他部分就选区主要部分放在一个画框里面，再适当勾图及设置即可。

2．案例效果

案例效果如图2-27、图2-28所示。

图2-27 原图   图2-28 最终效果

3．案例操作步骤

（1）创建一个尺寸比照片要大一些的白色背景的新文档，然后把要PS的照片拖动到当前图像中摆好位置，如图2-29所示。

图2-29 当前图像

（2）选择矩形选框工具，做如图2-30所示选区。接着执行菜单【选择】→【修改】→【边界】命令，如图2-31所示。

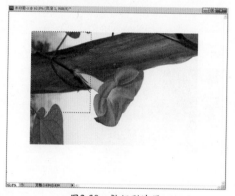

图2-30 做矩形选区

图2-31 边界效果

（3）选择多边形套索工具，单击【从选区中减去】按钮将牵牛花与选区相交的部分从选区中减去，如图2-32所示。并将选区填充为黑色，如图2-33所示。

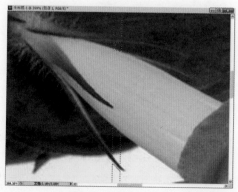

图2-32 从选区中减去

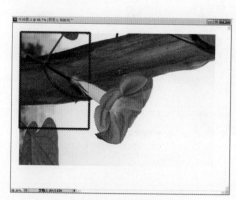

图2-33 填充选区效果

（4）执行菜单【选择】→【变换选区】命令，按住Shfit+Alt键拖动其中一角节点，将选区扩大一圈，如图2-34所示。并将选区填充为紫色，如图2-35所示。

图2-34　变换选区

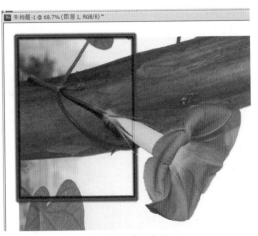

图2-35　填充选区

（5）利用多边形套索工具和磁性套索工具将相框外除了牵牛花的部分选中，并将其羽化，羽化值为5像素，并按Delete键将其删除，得到最终效果，如图2-36至图2-39所示。

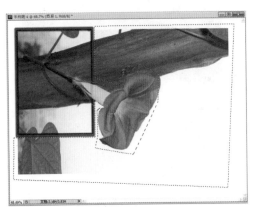

图2-36　多边形套索做选区

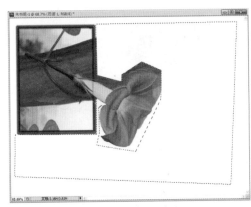

图2-37　删除选区内容

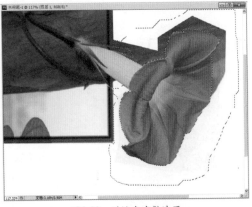

图2-38　磁性套索做选区

图2-39　删除选区内容

2.6 任务三：平面构成制作

任务目的：掌握选区运算的方法，并学会使用网格等辅助工具来帮助我们作图。

教学案例

1. 案例背景

设计学院的平面构成课程，一直延续着手绘的方法。如今高科技的电脑时代，手绘显然已经落伍，使用电脑绘制平面构成既简洁效果又好。

2. 案例效果

案例效果如图2-40所示。

3. 案例操作步骤

（1）打开Photoshop CS5，新建一个宽为30厘米、高为30厘米，分辨率为72像素/英寸、背景色为白色的文件，如图2-41所示。

图2-40 最终效果

图2-41 新建文件

（2）执行如图2-42所示的操作，打开网格。并将网格框间隔改为3厘米，如图2-43、图2-44所示。

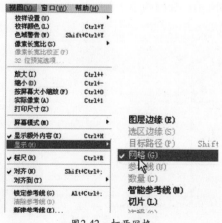

图2-42 打开网格

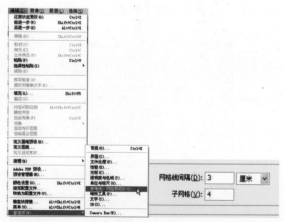

图2-43 网格设置

（3）使用椭圆选框工具，在前四个单元格内画正圆选区。将光标放在第一单元格中心，按住Alt+Shift键拖动鼠标绘制正圆，如图2-45所示。

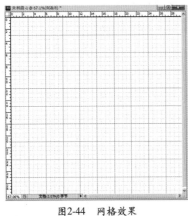

图2-44　网格效果

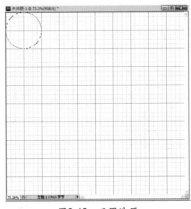

图2-45　正圆选区

（4）使用矩形选框工具，单击【从选区中减去】按钮，在圆二分之一处画矩形选区，得到图形如图2-46所示。

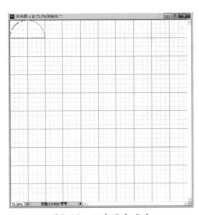

图2-46　从选区中减去

（5）使用放大镜工具，将选区所在区域放大，以便操作，如图2-47所示。然后使用椭圆选框工具，单击【从选区中减去】按钮，在如图2-48所示位置画两个正圆。

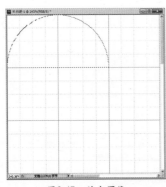

图2-47　放大图像

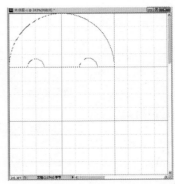

图2-48　从选区中减去

（6）执行菜单【编辑】→【填充】命令，将选区填充为黑色，如图2-49、图2-50所示（有关填充颜色内容，后面章节将详细讲解）。

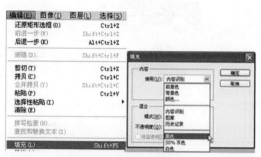

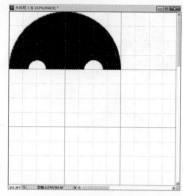

图2-49 选区填充设置 图2-50 选区填充效果

（7）使用矩形选框工具，在如图2-51所示位置画矩形，然后使用椭圆选框工具，单击【从选区中减去】按钮，以红点位置为圆心画两个正圆，得到如图2-52所示效果。

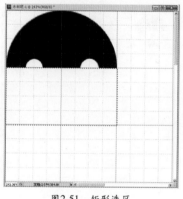

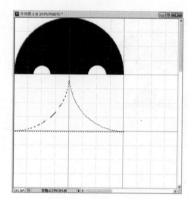

图2-51 矩形选区 图2-52 从选区中减去

（8）使用椭圆选框工具，单击添加到选区，在如图2-53所示位置画两个小正圆。然后使用矩形选框工具，单击【从选区中减去】按钮，在两个小园二分之一上方画矩形，得到如图2-54所示效果。

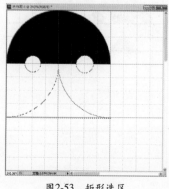

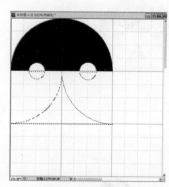

图2-53 矩形选区 图2-54 从选区中减去

（9）将选区填充为黑色，如图2-55所示。然后使用魔棒工具，将黑色区域选中，如图2-56所示。平面构成的一个基本型完成。

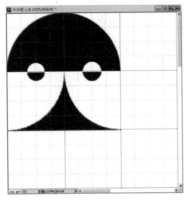

图2-55　填充选区

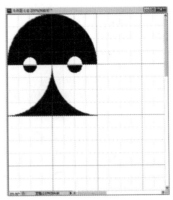

图2-56　魔棒制作选区

（10）接着做另一个基本型，使用选区工具，将选区移动到如图2-57所示位置。然后执行【选择】→【反向】命令，如图2-58所示。

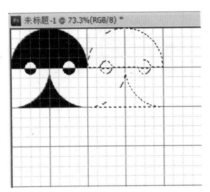

图2-57　移动选区

图2-58　反向选择

（11）使用矩形选框工具，单击【与选区相交】按钮，在基本形边缘画矩形，得到如图2-59所示效果。然后将选区填充为黑色，如图2-60所示。

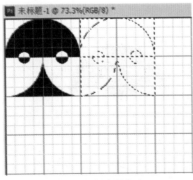

图2-59　与选区相交

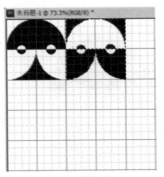

图2-60　填充选区

（12）使用魔棒工具将黑色区域作为选区，如图2-61所示。

（13）按住Alt键拖动图形复制，完成平面构成重复的制作，如图2-62至图2-64所示（有关复制内容，后面章节将详细讲解）。

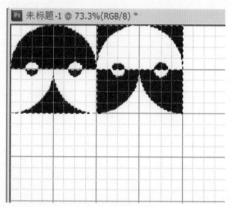

图2-61　魔棒制作选区

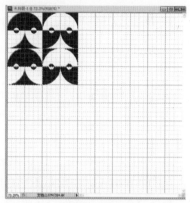

图2-62　复制图形

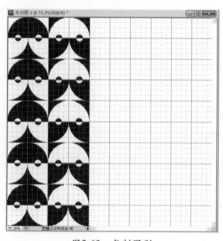

图2-63　复制图形

图2-64　复制图形最终效果

（14）执行菜单【视图】→【显示】→【网格】命令，将网格前面的对勾去掉，如图2-65所示，得到最终平面构成效果，如图2-66所示。

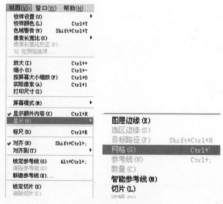

图2-65　删除网格设置

图2-66　删除网格效果

重 难 点 知 识 回 顾

1．掌握运用各种选区工具制作不同选区的方法。

2．掌握选区编辑与调整的方法。

2.7 课后习题

一、填空题

1．在Photoshop CS5中绘制矩形选框工具的快捷键是_____。

2．磁性套索工具适合图像边缘_____的图片。

3．反向选择的快捷键是_____。

4．选择菜单里的【变换选区】命令可以对选区进行_____和_____。

二、选择题

1．下列不是规则选区的是（　　）。

    A．矩形选框工具　　　　　　　　B．椭圆选框工具

    C．单行选框工具　　　　　　　　D．磁性套索工具

2．下列是规则选区的是（　　）。

    A．磁性套索工具　　　　　　　　B．椭圆选框工具

    C．多边形套索工具　　　　　　　D．魔棒工具

3．下列选区修改命令可以制作相框的是（　　）。

    A．边界　　　　B．平滑　　　　C．扩展　　　　D．收缩

4．下列操作可以以某一点为圆心画正圆的是（　　）。

    A．按住Ctrl+Shift键拖动椭圆选框工具

    B．按住Shift键拖动椭圆选框工具

    C．按住Alt+Shift键，拖动椭圆选框工具

    D．直接拖动椭圆选框工具

3

图像的基本编辑操作

本章节通过学习图像编辑的基本原理和图像编辑基础操作，可以学会在不同的图像之间进行剪切、复制和粘贴，以及旋转和翻转图像，对图像和层进行透视变形，此外，还可以使用填充和描边的功能来编辑图像，制作出一些具有特殊效果的图像。

3.1 图像裁剪与透视调整

图像的裁剪及透视的主要目的是去掉图像上那些不必要的和破坏画面整体结构的景物，将主体调整到理想的位置上，使图像上的主体更突出、画面简洁生动、比例合理，更具有审美价值。

3.1.1 图像裁剪

裁剪是移去部分图像以形成突出或加强构图效果的过程。可以使用裁剪工具▣和【裁剪】命令裁剪图像。如图3-1所示为裁剪原图，图3-2为裁剪后的效果图。

图3-1 裁剪原图　　　　　　　　　　　　　　图3-2 裁剪后的效果图

3.1.2 透视裁剪

裁剪工具包含一个选项，可处理变换图像中的透视效果。这在处理包含石印扭曲的图像时非常有用。当从一定角度而不是以平直视角拍摄对象时，会发生石印扭曲。例如，如果从地面拍摄高楼的照片，则楼房顶部的边缘看起来比底部的边缘更近一些。如图3-3所示为拍摄的初始图像及对图像调整部分选取，图3-4为使用透视功能调整裁剪选框以匹配对象的边缘，图3-5为扩展选框的裁剪边界，图3-6为调整后的最终效果图。

图3-3　裁剪原图

图3-4　调整选框

图3-5　扩展选框边界

图3-6　效果图

3.2　图像尺寸大小与画布大小的调整

在进行图像处理时，有时会对图像的大小或画布的大小进行调整。在【图像】菜单中有【图像大小】和【画布大小】命令，图像大小和画布大小是有区别的，画布就像一张画纸，图像必须绘制在画纸上，改变图像的大小不会给画布造成影响，改变画布的大小，会使图像周围的空间产生变化。

3.2.1　调整图像大小

打开一张适合的图片，执行【图像】→【图像大小】命令，如图3-7所示。

在该对话框中可以设置图像的像素大小、文档大小或分辨率。如果要保持当前像素宽度和高度的比

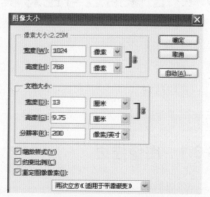

图3-7　【图像大小】对话框

37

例,则选择【约束比例】复选框;如果要图层样式的效果随着图像大小的缩放而改变,请选择【缩放样式】复选框。

3.2.2 调整画布大小

使用【画布大小】命令可以添加或移去当前图像周围的工作区。用户还可以通过减小画布区域来裁切图像。

1.【画布大小】命令

打开一张适合的图片,执行【图像】→【画布大小】命令,打开【画布大小】对话框,如图3-8所示。

2.更改定位

参照如图3-9所示设置【画布大小】对话框,调整图像在新画布上的位置。

图3-8 【画布大小】对话框   图3-9 调整画布大小

3.画布裁剪

设置完毕后单击【确定】按钮,由于新设置的画布比原来的画布小,将弹出如图3-10所示对话框,单击【继续】按钮,即可将画布剪切。

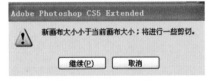

图3-10 画布大小剪切

3.3 图像描边与色彩填充

在制作图像的时候,创作者总是希望通过缤纷的色彩来给人以美的享受,描边与填充就是一个重要途径。利用描边与填充操作可以为图像制作出美丽的边框、文字的衬底和一些漂亮的几何体等让人意想不到的图像处理效果。一定要熟练掌握描边和填充的技巧,这样才能在修饰图像时显得游刃有余。

3.3.1 图像描边

描边就是给一个选区加上一个边。描边利用得好也能产生意想不到的效果。

打开一张适合的图片,选定一个选区,执行【编辑】→【描边】命令,进行设置,如图

3-11所示。设置完毕后单击【确定】按钮，取消选区，最终效果如图3-12所示。

图3-11 画像描边

图3-12 画像描边效果图

3.3.2 填充

填充的方法有三种方法，使用油漆桶工具进行色彩填充；使用渐变工具进行渐变色效果填充；使用【填充】命令进行图案填充。

在进行填充操作时，有以下几点需要注意：

（1）一般要新建一个图层，这样便于对填充的对象进行处理。

（2）一般要设置一个选区（填充区域），当然如果填充整个版面就可以不要选区。

（3）选择合适的填充方式（色彩填充、渐变填充、样式填充）。

1．填充工具组

（1）【油漆桶工具】：油漆桶工具的作用是为一块区域着色，着色方式为填充前景色或图案，并且附带了色彩容差的选项。属性栏如图3-13所示。

图3-13 【油漆桶】工具属性栏

操作方法：单击图像文件中某一点，可以填充纯色或图案，填的范围是选区或与鼠标光标落点处颜色相同或相近的像素点。

（2）【渐变工具】的使用：渐变工具的作用是产生逐渐变化的色彩，主要掌握渐变颜色的设定，在渐变编辑器中对色标的移动定位，以及透明色的使用。属性栏如图3-14所示。

图3-14 【渐变】工具属性栏

【模式】：用来设置渐变色与下面图像的混合模式。

【不透明度】：设置渐变效果的不透明度。

【反向】：勾选此项，渐变选项中的颜色顺序会颠倒。

【仿色】：勾选此项，会使渐变颜色间的过渡更加柔和。

【透明区域】：勾选此项，【渐变编辑器】窗口中渐变选项的不透明度才会生效。

渐变工具有5种不同的渐变类型：

【线性渐变】▇：是指从起点到终点颜色进行顺序渐变。

【径向渐变】▇：是将起点作为圆心，起点到终点的距离为半径，将颜色以圆形分布。

【角度渐变】◣：是以起点为中心，起点与终点的夹角为起始角，顺时针分布渐变颜色。

【对称渐变】▇：可以理解为两个方向相反的径向渐变合并在一起。

【菱形渐变】◆：它的效果类似于径向渐变，都是从起点往周围扩散式的渐变。

注：除非有选区或蒙版存在，否则渐变一定是充满全画面的。也就是说无论线条有没有充满画面，产生的渐变都将充满画面。

2．【填充】命令

填充命令是将颜色均匀地填充在当前的选区或者整幅图像之中，它和油漆桶工具的不同之处在于填充命令没有容差的限制而是完全覆盖的填充。执行【编辑】→【填充】命令，打开【填充】对话框，如图3-15所示。单击【使用】下拉按钮 使用(U)：图案 ✓，弹出如图3-16所示命令选项。

图3-15　【填充】对话框

图3-16　填充内容设置

【前景色】和【背景色】：使用当前的前景色和背景色填充图像或所选区域。

【颜色】：从拾色器中选择一种新的颜色并填充图像或所选区域。

【图案】：使用【自定图案】下拉菜单中的一个图案填充图像或所选区域。

【历史记录】：使用【历史记录】调板中的一个选定状态填充图像或所选区域。

选中【保留透明区域】复选框，可以保护透明区域，这样只填充含有像素的区域。

3.4　图像的变换与变形操作

在【编辑】菜单命令中，有【自由变换】、【变换】及【操控变形】三个选项。在【变换】命令下面还包含【缩放】、【旋转】等多个子命令，如图3-17所示。熟练掌握它们的用法会对如何操作图像变形带来很大的方便，但有一点需要注意的是，在使用变换功能时，对于背景层是不起作用的。

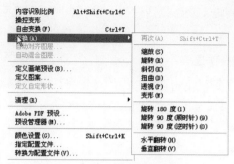

图3-17　【变换】命令

3.4.1　【自由变换】命令

1．作用

【自由变换】命令可用于在一个连续的操作中应用变换（旋转、缩放、斜切、扭曲和透视）。也可以应用变形变换。不必选取其他命令，只需在键盘上按住一个键，即可在变换类型之间进行切换。

2．操作方法

（1）选择要变换的对象。

（2）执行【编辑】→【自由变换】命令。

（3）执行下列一个或多个操作：

①按下Ctrl键并单击。拖动变形框四角任一角点时，图像为其他三点不动自由扭曲四边形；拖动变形框四边任一中间点时，图像为对边不变的自由平行四边形。

②按下Shift键并单击。拖动变形框四角任一角点时，对角点位置不变，图像为等比例放大或缩小，也可翻转图形；鼠标左键在变形框外弧形拖动时，图像可作15°增量旋转角度，可作90°、180°顺逆旋转。

③按下Alt键并单击。拖动变形框四角任一角点时，图像为中心位置不变，放大或缩小自由矩形，也可翻转图形；拖动变形框四边任一中间点时，图像为中心位置不变，等高或等宽自由矩形。

④按下Ctrl + Shift键并单击。拖动变形框四角任一角点时，图像可变为直角梯形，角点只可在坐标轴方向上移动；拖动变形框四边任一中间点时，图像可变为等高或等宽的自由平行四边形，中间点只可在坐标轴方向上移动。

⑤按下Ctrl + Alt键并单击。拖动变形框四角任一角点时，图像为相邻两角位置不变的菱形；拖动变形框四边任一中间点时，图像为相邻两边中间点位置不变的菱形。

⑥按下Shift + Alt键并单击。拖动变形框四角任一角点时，图像为中心位置不变，等比例放大或缩小的矩形；拖动变形框四边任一中间点时，图像为中心位置不变，等高或等宽自由矩形。

⑦按下Ctrl + Shift + Alt键并单击。拖动变形框四角任一角点时，图像可变为等腰梯形、

三角形或相对等腰三角形；拖动变形框四边任一中间点时，图像可变为中心位置不变，等高或等宽的自由平行四边形。

  （4）完成后执行下列操作之一：

- 确认变换：按 Enter 键；单击选项栏中的【提交】按钮✔；在变换选框内双击。
- 取消变换：按 Esc 键或单击选项栏中的【取消】按钮◎。

3.4.2 【变换】命令

  1．作用

  执行【变换】命令可对图像进行变换比例、旋转、斜切、扭曲、透视或变形处理。要进行变换，首先选择要变换的项目，然后执行【变换】命令。

  变换子菜单命令：

  【缩放】：使用缩放命令可以在任意四角拖动，使四个角都变动。若要实现等比缩放按Shift+Alt快捷键。

  【旋转】：围绕参考点旋转项目。

  【斜切】：斜切作用只移动一个点，其余三个点不动，点只在原有的直线上移动。

  【扭曲】：和斜切命令一样，只改变一个点的位置，不同的是点不沿原有的直线运动，可随意移动，使点相连的两条直线移动。

  【透视】：改变两个点的位置（鼠标作用点与相邻点），两点沿直线运动，相当于改变一个梯形。

  【变形】：变换形状。

  【旋转180度】、【顺时针旋转90度】、【逆时针旋转90度】：通过指定度数，沿顺时针或逆时针方向旋转项目。

  【翻转】：垂直或水平翻转项目。

  2．操作方法

  （1）选择要变换的对象。

  （2）执行【编辑】→【变换】→【缩放】、【旋转】、【斜切】、【扭曲】、【透视】或【变形】命令。

  （3）请执行下列一个或多个操作：

  ①如果执行【缩放】，拖动外框上的手柄。拖动角手柄时按住 Shift 键可按比例缩放。当放置在手柄上方时，指针将变为双向箭头。

  ②如果执行【旋转】，将指针移到外框之外（指针变为弯曲的双向箭头），然后拖动。按 Shift 键可将旋转限制为按 15°增量进行。

  ③如果执行【斜切】，则拖动手柄可倾斜外框。

  ④如果执行【扭曲】，则拖动角手柄可伸展外框。

  ⑤如果执行【透视】，则拖动角手柄可向外框应用透视。

⑥如果执行【变形】，单击选项栏中的【变形样式】按钮 ，弹出式菜单中执行一种变形，或者要执行自定变形，拖动网格内的控制点、线条或区域，以更改外框和网格的形状。

⑦对于所有类型的变换，都需要在选项栏中输入值。例如，要旋转项目，需在【旋转】文本框中指定角度。

（4）完成后执行下列操作之一：

● 确认变换：按 Enter 键；单击选项栏中的【提交】按钮；在变换选框内双击。

● 取消变换：按 Esc 键或单击选项栏中的【取消】按钮。

3.4.3 【操控变形】命令

1．作用

在Photoshop CS5中新增了一个【操控变形】命令，【操控变形】功能提供了一种可视的网格，借助该网格，可以随意地扭曲特定图像区域的同时保持其他区域不变。应用范围小至精细的图像修饰（如发型设计），大至总体的变换（如重新定位手臂或下肢）。

2．操作方法

（1）在【图层】面板中，选择要变换的图层。

（2）执行【编辑】→【操控变形】命令。

（3）在属性栏中，如图3-18所示，调整以下网格设置：

图3-18 【操控变形】属性栏

【模式】：确定网格的整体弹性。

【浓度】：确定网格点的间距。较多的网格点可以提高精度，但需要较多的处理时间；较少的网格点则反之。

【扩展】：扩展或收缩网格的外边缘。

【显示网格】：取消选择可以只显示调整图钉，从而显示更清晰的变换预览。

（4）在图像窗口中，单击一下要变换的区域或要固定的区域添加图钉。

（5）要围绕图钉旋转网格，选中该网格，然后执行以下操作：

①要按固定角度旋转网格，按 Alt键，然后将光标放置在图钉附近，但不要放在图钉上方。当出现圆圈时，拖动以直观地旋转网格。

②要根据所选的【模式】选项自动旋转网格，从选项栏的【旋转】菜单中选择【自动】选项。

（6）完成后执行下列操作之一：

● 确认变换：按 Enter 键；单击选项栏中的【提交】按钮。

● 取消变换：按 Esc 键或单击选项栏中的【取消】按钮。

3.5 任务一：裁剪与透视调整

任务目的：学习裁剪工具的使用方法，掌握利用裁剪工具调整透视的方法。

3.5.1 教学案例

1．案例背景

很多图片特别是拍摄的照片需要进行重新构图、调整正确的透视，更改画布大小。

2．案例效果

原图如图3-19所示，完成后的效果如图3-20所示。

图3-19 原图效果

图3-20 完成的效果图

3．案例操作步骤

（1）执行【文件】→【打开】命令，打开一张需要调整的图片。

（2）选中裁剪工具，单击鼠标从左上角往右下角拉一个裁剪框，该裁剪框带有8个调整句柄，如图3-21所示。

（3）选中裁剪工具属性栏的透视选项，可以任意移动4个边角句柄，以调整合适的透视，如图3-22所示。

图3-21 裁剪效果图

图3-22 透视调整效果图

（4）调整合适后，单击工具属性栏右侧的 ✓，完成裁剪工作。

3.5.2　知识扩展

（1）在裁剪框内双击或者按Enter键同样表示完成裁剪工作；单击工具属性栏右侧 ◎，或者按Esc键表示取消裁剪工作；在画布工作区右击可以选择裁剪或取消。属性栏如图3-23所示。

图3-23　【裁剪】工具属性栏

（2）可以设置宽度、高度、分辨率来设置固定的裁剪尺寸，比如登记照的制作。这些设置还可以单击工具属性栏左侧的 ⌗，弹出预设工具选择栏，然后单击右侧创建新的工具预设按钮，将此尺寸保存下来。

（3）清除按钮可以将预设的参数清除为空，前面的图像是将当前操作的图像的尺寸和分辨率自动设置到前面的空格里，这样可以对其他图片使用这个参数来裁剪以达到统一的标准。

3.5.3　案例操作

在3R尺寸照片里排版一寸登记照和两寸登记照。所需素材可自选。

3.6　任务二：手机屏保图片制作

任务目的：学习使用移动工具移动、复制图像，掌握自由变换命令的使用方法。

3.6.1　教学案例

1．案例背景

利用已有的图片制作手机屏保效果图，调整图像大小、旋转的角度。

2．案例效果

原图如图3-24所示，完成后的效果如图3-25所示。

图3-24　原图效果

图3-25　完成的效果图

3．案例操作步骤

（1）打开一张无屏保的手机图片及一张自己喜欢的屏保图片。

（2）单击程序栏中的排列文档按钮右侧的下拉按钮，显示下拉菜单。执行【使所有内容在窗口中浮动】命令，将打开的两个图片同时显示在工作窗口界面。

（3）选中【移动工具】，快捷键为V。将手机屏保图片拖拽到手机图片的编辑窗口界面上方。

（4）执行【编辑】→【自由变换】命令，或按下Ctrl+T组合键，变换图像，调整图像至合适的大小，按Enter键表示确认，如图3-26所示。

（5）执行【编辑】→【变换】→【旋转】、【透视】命令，调整图像至合适的角度，按Enter键表示确认，如图3-27所示。

图3-26　自由变换后的效果

图3-27　变换后的效果

（6）选中图层1，单击【图层】面板中的【显示图层可见性】按钮，取消图层1的可见性，将图层1隐藏。

（7）单击【多边形套索】工具按钮，绘制手机屏幕轮廓，如图3-28所示。

（8）选中图层1，单击【图层】面板中的【显示图层可见性】按钮，显示图层1。

（9）执行【选择】→【反向】命令，或按下Shift+Ctrl+I组合键，反向执行选区。单击Delete键，删除选区内的图像，如图3-29所示。

图3-28　绘制选区

图3-29　删除多余部分

（10）执行【选择】→【取消选择】命令，或按下Ctrl+D组合键，取消选区，完成手机屏保图的制作。

3.6.2　知识扩展

如果需要，通过在【编辑】→【变换】子菜单中选择命令来切换到其他类型的变换。当变换位图图像时（与形状或路径相对），每次提交变换时它都变得略为模糊；因此，在应用渐增变换之前执行多个命令要比分别应用每个变换更可取。

3.7　任务三：制作酒包装效果

任务目的：熟练掌握图像移动的方法，掌握图像旋转、变换、变形的操作方法。

3.7.1　教学案例

1．案例背景

在包装设计中我们常常先制作出包装的平面图，然后应用平面图制作酒包装立体效果。如图3-30所示的效果。

2．案例效果

原图如图3-31所示，完成后的效果如图3-32所示。

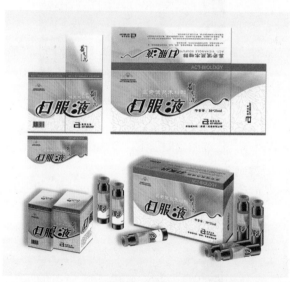

图3-30　包装设计

图3-31　原图

3．案例操作步骤

（1）打开需要制作立体效果的包装图片，选择【矩形选框】工具▢，将包装的中间的面圈选，单击【移动工具】按钮▸♦，将包装图像拖到背景图像（背景图像尽量选择简单的能衬托包装的图片）窗口的中间，如图3-33所示。

（2）执行菜单【编辑】→【变换】→【扭曲】命令，包装图像周围出现变换框，分别拖动四角的控制手柄，改变包装图片的倾斜度，按Enter键确定操作，如图3-34所示。

图3-32 完成的效果图

图3-33 拖拽后的效果图

（3）选择【矩形选框】工具▣，将包装的左侧的面圈选，单击【移动工具】按钮▶♦，将包装图像拖到背景图像窗口的中间，如图3-35所示。

图3-34 扭曲后的效果图

图3-35 合并图像后的效果图

（4）执行【编辑】→【变换】→【扭曲】命令，包装图像周围出现变换框，分别拖动四角的控制手柄，改变包装图片的倾斜度，按Enter键确定操作，效果如图3-36所示。

（5）选择【矩形选框】工具▣，将包装的上面的面圈选，单击移动工具按钮▶♦，将包装图像拖到背景图像窗口的中间，如图3-37所示。

图3-36 变换后的效果图

图3-37 拖拽后的效果图

（6）执行菜单【编辑】→【变换】→【扭曲】命令，包装图像周围出现变换框，分别拖动四角的控制手柄，改变包装图片的倾斜度，按Enter键确定操作，如图3-38所示。

（7）选中【图层1】拖拽到【图层】面板下方的【创建新图层】按钮 ⬜ 上进行复制，生成新的图层【图层1复本】。执行【编辑】→【变换】→【水平翻转】命令和【垂直翻转】命令，将包装图片进行水平翻转和垂直翻转。将图形拖到适当位置，按Enter键确定操作，如图3-39所示。

图3-38　变换后的效果图

图3-39　变换后的效果图

（8）单击【图层】面板下方的【添加图层蒙版】按钮 ⬜，为【图层1复本】图层添加蒙版，如图3-40所示。

图3-40　图层面板

图3-41　渐变编辑器

（9）选择【渐变】工具 ⬜，单击属性栏中的【编辑渐变】按钮 ▭，弹出【渐变编辑器】对话框，将渐变色设为从白色到黑色，如图3-41所示，单击【确定】按钮。在属性栏中选中【线性渐变】按钮 ▭▭▭▭，在图像窗口中从中心向下方拖曳渐变色，如图3-42所示。

（10）将【图层2】拖曳到【图层】面板下方的【创建新图层】按钮 ⬜ 上进行复制，生成新图层【图层2复本】，执行菜单【编辑】→【变换】→【水平翻转】命令和【垂直翻转】命令，将包装图片进行水平翻转和垂直翻转。将图形拖到适当位置，按Enter键确定操作，如图3-43所示。

图3-42　渐变后效果

图3-43　渐变后效果

（11）单击【图层】面板下方的【添加图层蒙版】按钮，为【图层2复本】添加蒙版，如图3-44所示。

（12）选中【渐变】工具，单击属性栏中的【编辑渐变】按钮，弹出【渐变编辑器】对话框，将渐变色设为从白色到黑色，单击【确定】按钮。在属性栏中选中【线性渐变】按钮，在图像窗口中从中心向下方拖曳渐变色，酒包装立体效果制作完成。

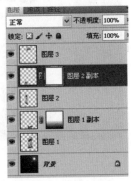

图3-44　图层蒙版

3.7.2　知识扩展

要进行变换，首先选择要变换的项目，然后选取变换命令。必要时，可在处理变换之前调整参考点。在应用渐增变换之前，可以连续执行若干个操作。例如，可以选取【缩放】并拖动手柄进行缩放，然后选取【扭曲】并拖动手柄进行扭曲。然后按Enter键以应用两种变换。

3.7.3　案例操作

参照上述方法制作一个牛奶产品的包装设计。

3.8　任务四：制作卡片背景

任务目的：应用填充命令和定义图案命令制作卡片，使用填充命令和描边命令制作图形。

3.8.1　教学案例

1. 案例背景

制作一些风格独特的卡片背景图片，可作为图片素材应用于许多图像作品中。

2. 案例效果

原图如图3-45所示，完成后的效果如图3-46所示。

图3-45　原图效果

图3-46　完成的效果图

3. 案例操作步骤

（1）执行【文件】→【新建】命令，新建一个20cm*20cm，300dpi的文件。

（2）单击【图层】面板下方的【创建新图层】按钮，生成一个新图层【图层1】。

（3）设置前景色为粉红色（其中R、G、B的值分别为255、134、212）。

（4）选择【自定形状】工具，单击属性栏中的【形状】选项，弹出【形状】面板，单击右侧的，在弹出的菜单中选择【全部】，如图3-47所示。选中属性栏中的【填充像素】按钮，按住Shift键的同时，在图像窗口中拖曳鼠标绘制图形，如图3-48所示。

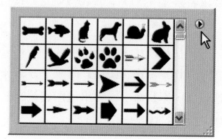

图3-47　自定义形状

（5）单击【图层】面板下方的【创建新图层】按钮，生成一个新图层【图层2】。选择【自定形状】工具，选项的设置同上，按住Shift键的同时，拖曳鼠标绘制图形。执行菜单【编辑】→【自由变换】命令，对图形进行角度和大小的调整，如图3-49所示。

图3-48　绘制自定义图形

图3-49　绘制及变换自定义图形

（6）单击【图层】面板下方的【创建新图层】按钮，生成一个新图层【图层3】。选择【自定形状】工具 ，选项的设置同上，按住Shift键的同时，拖曳鼠标绘制图形。执行菜单【编辑】→【自由变换】命令，对图形进行角度和大小的调整，效果如图3-50所示。

(7) 在【图层】面板中，按住Ctrl键的同时，选择【图层1】【图层2】【图层3】，执行【图层】→【合并图层】命令，并将合并的图层命名为【图案】。

(8) 选中【背景】图层，单击显示图层可见性按钮 ，将【背景】图层隐藏。

(9) 选择【矩形选框】工具 ，在图像窗口中绘制矩形选区，如图3-51所示。

图3-50 绘制及变换自定义图形

图3-51 绘制矩形选区

(10) 执行菜单【编辑】→【定义图案】命令，弹出【图案名称】对话框，名称设置为默认名称【图案1】，单击【确定】按钮。

(11) 按Delete键，删除选区中的图像。按Ctrl+D组合键，取消选区。

(12) 打开【图层】面板，选中背景层，单击显示图层可见性按钮 ，显示背景层。

(13) 单击【图层】面板下方的【创建新的填充或调整图层】按钮 ，在弹出的菜单中选择【图案】命令，弹出【图案填充】对话框，进行设置，如图3-52所示，单击【确定】按钮，如图3-53所示。

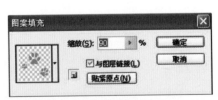

图3-52 【图案填充】对话框

图3-53 图案填充

(14) 设置【图层】面板上【图案】图层的【不透明度】为30%，如图3-54所示。

(15) 单击【图层】面板下方的【创建新图层】按钮 ，生成一个新图层并将其命名为【白色填充】。选择【矩形选框】工具 ，在图像窗口中绘制矩形选区。在选区中右击，在弹出的菜单中选择【变换选区】命令，拖曳鼠标到合适的角度，按Enter键确定操作，如图3-55所示。

图3-54 图层面板设置图层不透明度

图3-55 绘制并变换选区

（16）执行菜单【编辑】→【填充】命令，在弹出的对话框中进行设置，如图3-56所示，单击【确定】按钮，如图3-57所示，保留选区。

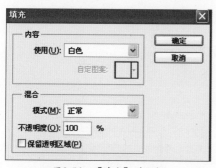

图3-56 【填充】对话框

图3-57 填充选区

（17）单击【图层】面板下方的【创建新图层】按钮 ，生成一个新图层并将其命名为【边框】。

（18）执行菜单【编辑】→【描边】命令，在描边的对话框中进行设置，如图3-58所示，单击【确定】按钮，取消选区，如图3-59所示。

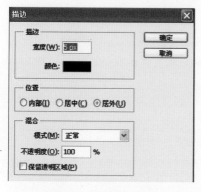

图3-58 【描边】对话框

图3-59 描边选区

（19）打开一张卡通图片，将图像拖曳到图像窗口的中心位置，调整大小及角度。在【图层】面板中生成新图层并将其命名为【人物】，合并所有图层，卡片背景制作完成。

3.8.2　知识扩展

将图像定义为预设图案。

（1）在任何打开的图像上使用【矩形选框】工具，以选择要用作图案的区域，必须将【羽化】设置为0像素。注意，大图像可能会变得不易处理。

（2）执行【编辑】→【定义图案】命令。

（3）在【图案名称】对话框中输入图案的名称。

3.9　任务五：动作变形

任务目的：应用操控变形命令，完成图像的调整操作。

3.9.1　教学案例

1．案例背景

使用图像变形功能，轻松地完成图像的变形操作。

2．案例效果

原图如图3-60所示，完成后的效果如图3-61所示。

图3-60　原图效果

图3-61　完成的效果图

3．案例操作步骤

（1）执行【文件】→【打开】命令，打开一个四肢明显的卡通形象（不带背景的psd格式）。

（2）执行【编辑】→【操控变形】命令，在小狗图像上显示变形网格，如图3-62所示。在工具属性栏中将【模式】和【浓度】都设置为【正常】，如图3-63所示。

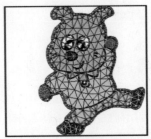

图3-62　操控变形命令

图3-63　设置属性栏

（3）在小狗的四肢和两个耳朵上单击，添加图钉，如图3-64所示。在调整前可以取消【显示网格】☐显示网格选项的勾选，这样能够更清晰地观察到图像的变化。

（4）单击图钉，鼠标指针变成，拖动鼠标即可改变小狗的动作姿态，如图3-65所示。

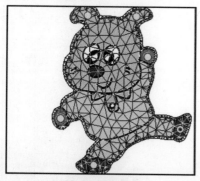

图3-64　添加图钉

图3-65　改变姿态

（5）拖动手部图钉时，由于移动范围稍大，会有一些变形。可以在变形位置单击，添加新图钉，固定关键点，再进行调整，如图3-66所示。

图3-66　调整姿态

（6）继续添加腿部及脚部图钉，调整位置，使脚尖离开地面，如图3-67所示。单击工具栏中的✔按钮，结束操作，如图3-68所示。

图3-67　调整脚部姿态

图3-68　确定操作

3.9.2　知识扩展

要调整图钉的位置或移去图钉，可执行以下任意操作：

（1）拖动图钉对网格进行变形。

（2）要显示与其他网格区域重叠的网格区域，单击选项栏中的【图钉深度】按钮 图钉深度: 。

（3）要移去选定图钉，按 Delete 键。要移去其他各个图钉，将光标直接放在这些图钉上，然后按 Alt键，当剪刀图标 出现时，单击该图标。

（4）单击选项栏中的【移去所有图钉】按钮 。

> **重 难 点 知 识 回 顾**
>
> 1．掌握图像裁剪工具的操作方法，清楚工具属性栏的设置选项的每项功能。
> 2．掌握更改图像大小、图像变形、变换的基本操作命令。
> 3．掌握图像描边、填充命令及工具的使用。
> 4．了解运用各类图像基本编辑操作工具制作实例。

3.10　课后习题

一、填充题

1．图像的裁剪及透视的主要目的是_____。

2．图像大小和画布大小是有区别的，改变图像的大小_____给画布造成影响，改变画布的大小，_____使图像周围的空间产生变化。

3．填充命令是将颜色均匀地填充在当前的选区或者整幅图像之中，它和油漆桶工具的不同之处在于填充命令_____而是完全覆盖的填充。

4．在【编辑】菜单命令中，有【自由变换】、【变换】及【_____】三个选项。

5．执行【变换】命令可对图像进行变换比例、旋转、斜切、扭曲、透视或变形处理。要进行变换，首先_____要变换的项目，然后执行【变换】命令。

二、选择题

1．在Photoshop CS5中允许一个图像的显示的最大比例范围是（　　）。

A．100%　　　　　　　　　B．200%

C．600%　　　　　　　　　D．1600%

2．如何才能以100%的比例显示图像（　　）。

　　A．在图像上按住Alt键的同时单击鼠标

　　B．选择View→Fit On Screen（满画布显示）命令

　　C．双击Hand Tool（抓手工具）

　　D．双击Zoom Tool（缩放工具）

3．下面对渐变填充工具功能的描述正确的是（　　）。

　　A．如果在不创建选区的情况下填充渐变色，渐变工具将作用于整个图像

　　B．不能将设定好的渐变色存储为一个渐变色文件

　　C．可以任意定义和编辑渐变色，不管是两色、三色还是多色

　　D．在Photoshop CS5中共有五种渐变类型

4．下面工具选项可以将Pattern（图案）填充到选区内的是（　　）。

　　A．画笔工具　　　　　　　　　B．图案图章工具

　　C．橡皮图章工具　　　　　　　D．喷枪工具

4

绘画与修饰

本章将主要介绍Photoshop CS5中画笔工具的使用方法、填充工具的使用方法、修饰图像的方法与技巧。通过本章的学习，可以应用画笔工具绘制出丰富多彩的图形，并能够掌握修饰图像的基本的方法与操作技巧。

4.1　颜色设置

选择颜色是绘图前的第一步。Photoshop提供了多种选取颜色的途径，如工具箱中的前景色和背景色色块、拾色器、【颜色】面板、【色板】面板、【吸管】工具等。

4.1.1　前景色与背景色色块

工具箱下方有一个颜色控件，单击相应的色块图标可以设置前景色和背景色、切换前景色和背景色以及恢复默认的颜色设置（默认的前景色为黑色，背景色为白色），如图4-1所示。

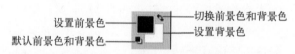

图4-1　工具箱中的颜色控件

单击【设置前景色】或【设置背景色】色块，将弹出【拾色器】对话框，如图4-2所示。

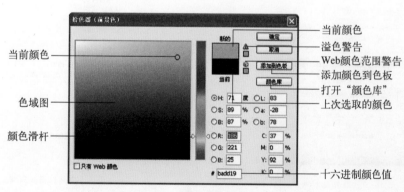

图4-2　【拾色器】对话框

在该对话框中设置颜色时有以下几点需要注意：

（1）溢色警告：一些RGB、HSB和Lab模式中的颜色在印刷时无法用CMYK模式来重现。这些颜色一旦被选上，就会出现溢色警告提示，其下方的颜色块是当前所选颜色的等价色。单击该颜色块，在印刷时将用此色代替。在RGB模式下，无法印刷的颜色会以预定的色彩来显示。在制作用于印刷的图像时，尤其要注意这个问题。

（2）自定颜色：单击【颜色库】按钮，将弹出【颜色库】对话框，在对话框中，【色库】下拉菜单中是一些常用的印刷颜色体系，可以选择其中的颜色，如图4-3所示。

（3）使用网页安全色：在【拾色器】对话框中，选中左下角的【只有Web颜色】复选框，则颜色区域内呈现网页安全色，而右侧色彩模式文本框内显示的是网页颜色的数值，它提供了256种适用于在Web上使用的颜色，如图4-4所示。

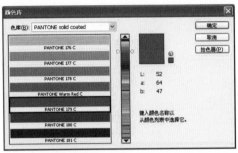
图4-3 【颜色库】对话框

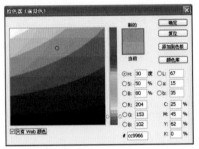
图4-4 选中【只有Web颜色】复选框

4.1.2 【颜色】面板

选择【窗口】→【颜色】命令或按F6键，打开【颜色】面板，如图4-5所示。在【颜色】面板中，单击左侧的前景色或背景色色标，然后拖动R、G、B颜色条下的三角滑块，或在下面的颜色条中选择颜色，也可以直接在右面的文本框中输入数值来设置颜色。

单击该面板右上角的 按钮，将弹出【颜色】面板菜单，如图4-6所示，从中可以选择不同的颜色显示模式，如CMYK、Lab、HSB、Web等模式。

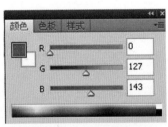
图4-5 【颜色】面板

图4-6 【颜色】面板菜单

4.1.3 【色板】面板

使用【色板】面板可以快速地选取前景色或背景色。选择【窗口】→【色板】命令可将其打开，如图4-7所示。在【色板】面板中单击颜色块，可将其设置为前景色。按住Ctrl键的同时单击需要的色块，则可以将该颜色指定为背景色。

如果用户经常使用某一种颜色，可将其添加到【色板】面板中。首先将前景色设置为所需的颜色，然后将鼠标指针移至调板末端的空白处，指针变为油漆桶形状，如图4-8所示，此时单击，将弹出【色板名称】对话框，在其中输入色板的名称，然后单击【确定】按钮，即可将前景色添加到【色板】面板中，如图4-9所示。如果想删除【色板】面板中的某一色块，则在按住Alt键的同时，移动鼠标指针到面板中要删除的色块上，当鼠标指针变为剪刀形状时，单击即可删除指定的色块，如图4-10所示。

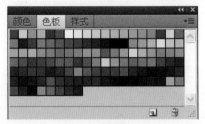

图4-7 【色板】面板

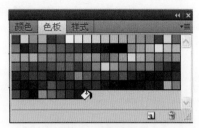

图4-8 创建新色块

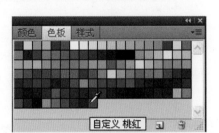

图4-9 添加的新色块

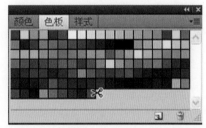

图4-10 删除色块

如果要将【色板】面板恢复为Photoshop默认的设置，可单击该面板右上角的按钮，在弹出的【色板】面板控制菜单中选择【复位色板】选项，这时系统将弹出一个对话框询问是否恢复预设值，单击【确定】按钮即可。

4.1.4 【吸管】工具

【吸管】工具是一种快速选取颜色的工具。使用【吸管】工具可以在图像或颜色面板中吸取颜色，同时在【信息】面板中会显示吸取的色彩的信息。

在工具箱中单击【吸管】工具，在图像区域中需要选取的颜色的位置单击，即可选取该处的颜色，且该颜色被定义为前景色，与此同时【信息】面板中也会显示出该颜色的相关数据信息，如图4-11所示。

图4-11 【吸管】工具和【信息】面板

61

4.2 渐变工具

使用渐变工具可以创建多种颜色间的逐渐混合的过渡效果。操作时既可以使用一些Photoshop的内置渐变填充图像，也可以创建自己的渐变对图像或选定的区域进行填充。

单击工具箱中的渐变工具按钮■，或在英文状态下按G键，都可以打开渐变工具的属性栏，如图4-12所示。

图4-12 【渐变】工具属性栏

1．渐变编辑属性栏

（1）【点按可编辑渐变】按钮███████：用于选择和编辑渐变的形式和色彩。

（2）███████：用于选择各类型的渐变工具类型，包括【线性渐变】工具■、【径向渐变】工具■、【角度渐变】工具■、【对称渐变】工具■、【菱形渐变】工具■。可以创建不同类型的渐变效果。

（3）模式：填充时的色彩混合模式。

（4）不透明度：用于调整渐变的不透明度。

（5）反向：掉换渐变色的方向。

（6）仿色：选此项会使渐变更平滑。

（7）透明区域：只有勾选此项，渐变不透明度的设定才会生效。

（8）单击【点按可编辑渐变】按钮███████，弹出【渐变编辑器】对话框，如图4-13所示。

2．渐变的编辑方法

渐变的编辑方法如下：

图4-13 【渐变编辑器】对话框

（1）添加或删除色标。在此对话框中，单击色带下方的适当位置，可以增加色标。选中色标，并单击【删除】按钮，或者直接将色标拖出色带，可删除该色标。

（2）设置色标的颜色。选中色标，然后单击下方的【颜色】选项，弹出【选择色标颜色】对话框，可以设置颜色。

（3）调整色标的位置。用鼠标拖曳色标，或者选中色标，然后在【位置】选项的数值框中输入数值。

（4）设置渐变色的不透明度。在色带上方的合适位置单击，可以添加不透明度色标，然后在窗口下方【不透明度】选项的数值框中输入数值。

4.3 任务一：为风景照片增加彩虹

任务目的：掌握渐变工具的使用方法，并能制作彩虹的效果。

教学案例

1．案例背景

用渐变工具轻轻松松制作一道彩虹，也可以给自己的数码照片加道美丽的彩虹。

2．案例效果

原图如图4-14所示，完成后的效果如图4-15所示。

图4-14　原图效果

图4-15　添加彩虹后的效果

3．案例操作步骤

（1）执行【文件】→【打开】命令，打开一张适合的图片。

（2）在【图层】面板上，将【背景】图层拖曳到【创建新图层】按钮 上进行复制，生成【背景副本】图层，单击面板下方的【创建新图层】按钮，生成【图层1】，如图4-16所示。

（3）单击工具箱中的【渐变】工具按钮 ，在其属性栏中单击【点按可编辑渐变】按钮 ，弹出【渐变编辑器】对话框，在【预设】选项组中选择透明彩虹，在色带上将色标的位置从右至左依次调整为90、86、81、76、72、70，将不透明度色标的位置从右至左依次调整为96、91、86、84、66、58，如图4-17所示。单击【确定】按钮，在其属性栏中单击【径向渐变】按钮 。按住Shift键的同时，在图像编辑窗口中从下向上拖曳鼠标，松开鼠标后，效果如图4-18所示。

图4-16　【图层】面板

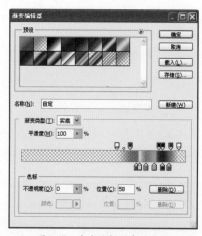

图4-17　渐变编辑器中的设置

在调整不透明度色标的位置时，从中间的色标分别向两边进行调整，这样操作起来会更方便。

（4）按Ctrl+T组合键，调整图像的大小和位置，按Enter键结束自由变换操作，效果如图4-19所示。

图4-18　绘制的彩虹效果

图4-19　彩虹变换后的效果

（5）在【图层】面板中，将【图层1】的混合模式设为【叠加】，【不透明度】选项设为20%，如图4-20所示，完成彩虹的添加。

图4-20　【图层】面板中的设置

4.4　绘画工具

作为专业的图形图像编辑软件，绘制图像是Photoshop的强大功能之一。它可以绘制卡通、漫画，也可模仿国画、油画、水粉等美术效果。这些丰富多彩的艺术效果来自于Photoshop提供的丰富的画笔参数。

4.4.1　画笔工具

1．基本参数设置

单击工具箱中的【画笔】工具按钮✏️，可以打开【画笔】工具属性栏，如图4-21所示。

图4-21　【画笔】工具属性栏

（1）设置笔刷

单击🖌️可以打开【画笔预设选取器】，如图4-22所示。在其中可以选取一种合适的笔刷；拖动【大小】滑块，可调整笔刷的大小；拖动【硬度】滑块，可调整笔刷的硬度，笔刷的软硬程度在效果上表现为边缘的羽化程度。

小提示：按键盘上的[键可以缩小笔刷，按]键可以增大笔刷，按Shift+[组合键可以减小笔刷的硬度，按Shift+]组合键可以增加笔刷的硬度。

（2）【切换画笔面板】按钮：单击此按钮，弹出【画笔】面板，如图4-23所示。可以进行画笔的高级参数的设置。

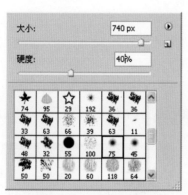

图4-22 画笔预设选取器

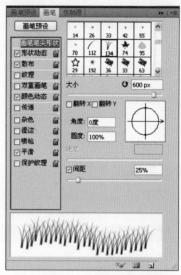

图4-23 【画笔】面板

（3）模式：指绘画时的颜色与当前颜色的混合模式，其中的部分选项决定填充的前景色或图案以何种方式叠加在已有的颜色上。

（4）不透明度：指在使用画笔绘图时所绘颜色的不透明度。该值越小，所绘出的颜色越浅，反之则越深。

（5）流量：指使用画笔绘图时所绘颜色的深浅。如果设置的流量较小，其绘制效果如同降低透明度一样，但经过反复涂抹，颜色会逐渐饱和，多重叠几次颜色会更加饱和，如同用水彩画笔在纸上作画一样。

（6）启用喷枪模式：模拟现实生活中的喷枪。如果在某处按住鼠标左键不放，喷枪中的颜料就会不停地喷射出来，这样该处会出现一个颜色堆积的色点，停顿的时间越长，色点越大，其颜色也越深，直至饱和。

2．高级参数设置

【画笔】面板是画笔的总控制中心，要设置复杂的笔刷样式，只有在【画笔】面板中才能完成。

（1）画笔笔尖形状

单击面板左侧的画笔笔尖形状选项，面板右侧的列表框中会显示出相应的画笔形状，如图4-24所示。

拖动滚动打并选择一种形状，然后在列表框下方可以设置以下参数：

①直径：定义画笔的直径大小，取值范围为1~2500

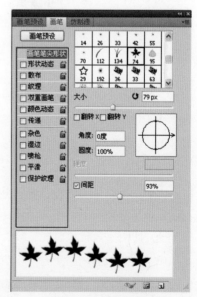

图4-24 画笔笔尖形状

像素。

②翻转X/Y：选中相应的复选框，笔尖的形状会发生相应的翻转。

③角度：用于设置画笔的角度，取值范围在-180°～180°。

④圆度：用于控制椭圆形画笔长轴和短轴的比例，取值范围为0～100%。

⑤硬度：设置画笔笔触的柔和程度，取值范围为0～100%。

⑥间距：用于设置在绘制线条时两个绘制点之间的距离。

（2）形状动态

【形状动态】选项通过设置画笔的大小、角度和圆度变化来控制绘画过程中画笔形状的变化效果，如图4-25所示。

（3）散布

【散布】选项用于控制画笔偏离绘画路径的程度和数量，如图4-26所示。

图4-25　设置【形状动态】

图4-26　设置【散布】参数

4．纹理

【纹理】选项用于在画笔上添加纹理效果，可控制纹理的叠加模式、缩放比例和深度，如图4-27所示。

5．双重画笔

【双重画笔】选项使用两种笔尖形状创建画笔。首先在【画笔】面板的【笔尖形状】列表框中选取第一种笔尖的形状，在【模式】下拉列表框中选择原始画笔和第二种画笔的混合方式，再在【画笔】面板的【笔尖形状】列表框中选择第二种笔尖形状，并设置第二种笔尖的直径、间距、散布和数量等参数，如图4-28所示。

6．颜色动态

【颜色动态】选项控制在绘画过程中画笔颜色的变化情况，包括前景色/背景色抖动、色相抖动、饱和度抖动、亮度抖动以及纯度，如图4-29所示。

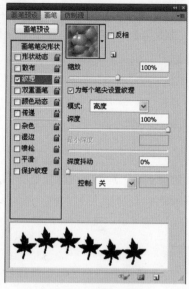

图4-27 设置【纹理】

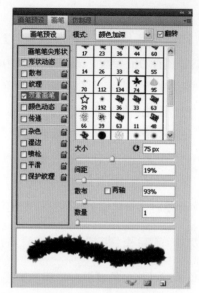

图4-28 设置【双重画笔】

其中各种抖动的含义如下：

①前景色/背景色抖动：设置画笔颜色在前景色与背景色之间变化。

②色相抖动：指定画笔颜色的动态变化范围。

③饱和度抖动：指定画笔颜饱和度的动态变化范围。

④亮度抖动：指定画笔颜色亮度的动态变化范围。

⑤纯度：指定颜色的纯度。

7．传递

选中【传递】复选框，可设置画笔在绘制线条过程中不透明度和流量的动态变化情况，如图4-30所示。

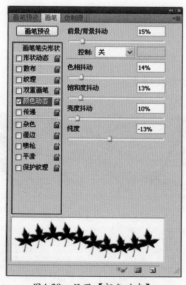

图4-29 设置【颜色动态】

图4-30 设置【传递】

8．其他属性

【画笔】面板的下端还有【杂色】、【湿边】、【喷枪】、【平滑】等画笔属性供选择，这些属性没有参数，只是开关控制项，选中复选框即可启用。

（1）杂色：在画笔的边缘添加杂色效果。

（2）湿边：模拟水彩画的效果。

（3）喷枪：模拟传统的喷枪效果。

（4）平滑：可以使绘制的线条产生更顺畅的曲线。

（5）保护纹理：对所有的画笔使用相同的纹理图案和缩放比例，选中此复选框后，当使用多个画笔时，可模拟一致的画布纹理效果。

4.4.2　【混合器画笔】工具

单击工具箱中的【混合器画笔】工具按钮 ，可以打开【混合器画笔】工具属性栏，如图4-31所示。

图4-31　【混合器画笔】的属性栏

（1）可以选择笔尖的形状、设置画笔的大小和硬度、载入或清除绘制的笔刷、设置颜色混合的模式。

（2）混合器画笔工具主要的功能是创建类似于传统画笔绘画时颜料之间相互混合的效果。

4.5　任务二：绘制国画梅花

任务目的：掌握画笔工具的使用方法，并能使用鼠标进行绘图。

教学案例

1．案例背景

用画笔工具代替毛笔工具，通过鼠标也可以画出国画的效果。

2．案例效果

完成后的效果如图4-32所示。

3．案例操作步骤

（1）执行【文件】→【新建】命令，新建一个宽为6厘米、高为4.5厘米、分辨率为300像素/英寸、背景为白色的RGB颜色模式的图像文件。

（2）在工具箱中选择【画笔】工具

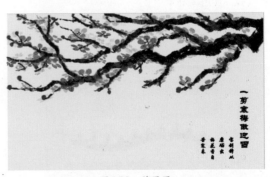

图4-32　效果图

，打开【画笔】面板，依次设置双重画笔、形状动态、颜色动态和传递各选项的参数，并勾选【平滑】复选框。各选项及参数设置如图4-33至图4-37所示。

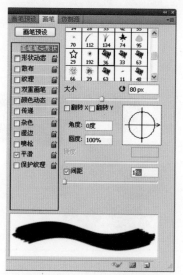

图4-33　第一种笔尖形状设置

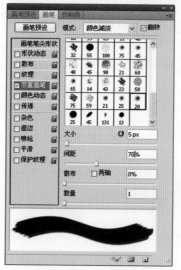

图4-34　第二种笔尖形状设置

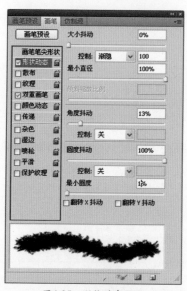

图4-35　形状动态设置

图4-36　颜色动态设置

（3）将【前景色】设置为黑色（R：0、G：0、B：0），在【图层】面板中创建【图层1】、【图层2】和【图层3】，然后在图像编辑窗口中由下向上拖动鼠标，绘制出如图4-38所示的花瓣图形。

（4）执行【文件】→【存储】命令，将此文件命名为"花瓣.psd"，进行保存。

（5）在【图层】面板中，选中【图层1】，使用【磁性套索】工具，将花瓣选取，执行【编辑】→【定义画笔预设】命令，在弹出的对话框中，将选取的花瓣命名为【花瓣1】，单击【确定】按钮，将选取的花瓣自定义为画笔笔刷的形状。

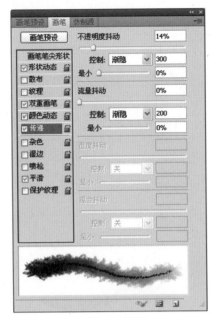

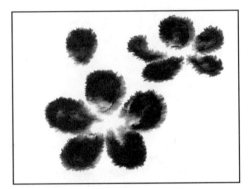

图4-37　传递设置　　　　　　　　　　　　图4-38　花瓣效果图

（6）同法，分别将另外的两种花瓣定义为【花瓣2】和【花瓣3】。

（7）执行【文件】→【新建】命令，新建一个宽为10厘米、高为6厘米、分辨率为300像素/英寸、背景色为白色的RGB颜色模式的图像文件。

（8）单击工具箱中的设置前景色按钮，打开拾色器，将前景色设置为淡黄色（R：238、G：238、B：202），按Alt+Delete组合键，用前景色填充【背景】图层。

（9）选择【画笔】工具 ✐，并在【画笔】面板中设置各项参数，如图4-39至图4-44所示。

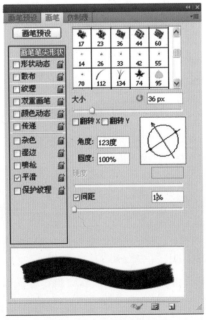

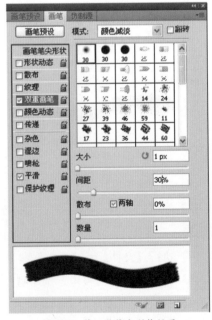

图4-39　第一种笔尖形状设置　　　　　　　　图4-40　第二种笔尖形状设置

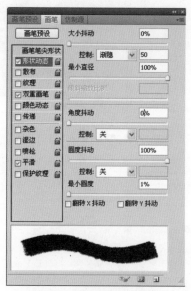

图4-41　【形状动态】设置

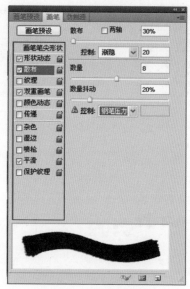

图4-42　【散布】设置

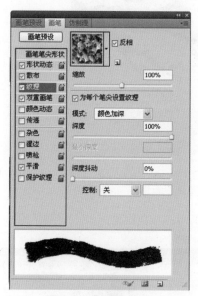

图4-43　【纹理】设置

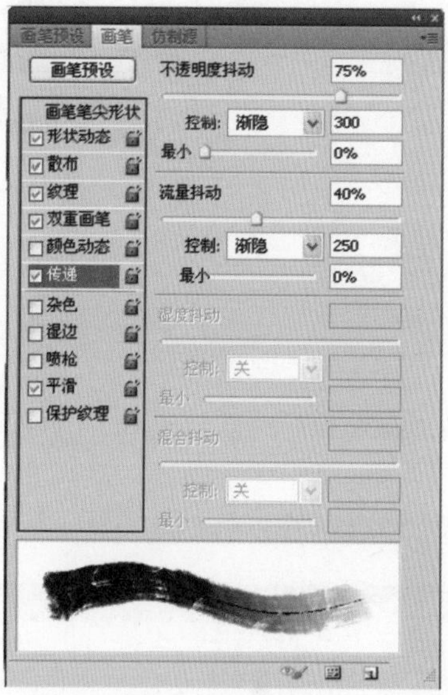

图4-44　【传递】设置

（10）在【图层】面板上，单击【创建新图层】按钮 ，新建【图层1】，通过设置不同笔刷的大小，根据梅花的生长规律，依次绘出如图4-45所示的枝干形状。

（11）在【画笔】面板中进行参数设置，如图4-46至图4-48所示。

（12）新建【图层2】，将前景色设置为红色（R：251、G：29、B：15），然后在图像中绘制出如图4-49所示的浅色花瓣。

图4-45　枝干效果图

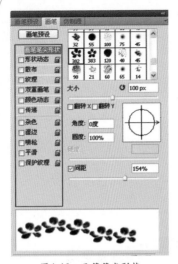

图4-46 画笔笔尖形状

图4-47 【形状动态】设置

图4-48 【传递】设置

图4-49 浅色花瓣效果图

（13）在【画笔】面板中进行如图4-50至图4-52所示的参数设置。

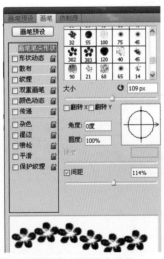

图4-50 画笔笔尖形状

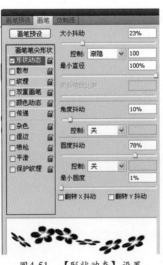

图4-51 【形状动态】设置

图4-52 【传递】设置

（14）新建【图层3】，通过设置不同的笔刷大小，在图像中绘制出如图4-53所示的红色花瓣。

（15）新建【图层4】，将前景色设置为黑色（R：0、G：0、B：0），然后在【画笔】面板中选择【柔角笔刷】，大小设置为5像素，在图像中绘制花蕊，如图4-54所示。

图4-53　绘制花瓣效果图

图4-54　绘制花蕊效果图

（16）新建【图层5】，将前景色设置为红色（R：191、G：4、B：16），然后在【画笔】面板中选择笔刷【花瓣3】，在图像中绘制花骨朵，如图4-55所示，完成国画梅花的绘制。

图4-55　绘制花骨朵效果图

（17）选择文字工具输入文字，并调整位置，完成整个画面的绘制。

4.6　任务三：绘制丝带

任务目的：掌握混合器画笔工具的使用方法。

4.6.1　教学案例

1. 案例背景

使用混合器画笔工具制作丝带。

2. 案例效果

完成后的效果如图4-56所示。

图4-56　效果图

3．案例操作步骤

（1）新建文件，宽度为15厘米，高度为18厘米，分辨率为200像素/英寸，颜色模式为RGB颜色，背景内容为白色。

（2）将前景色设置为白色（R：255、G：255、B：255），背景色设置为蓝色（R：63、G：132、B：113）。

（2）单击工具箱中的【渐变】工具按钮，在其属性栏中单击【点按可编辑渐变】按钮，弹出【渐变编辑器】对话框，在【预设】选项组中选择【前景色到背景色渐变】选项，单击【确定】按钮，在其属性栏中单击【径向渐变】按钮。按住Shift键的同时，在图像编辑窗口中从左下角向右上角拖曳鼠标，松开鼠标后，效果如图4-57所示。

图4-57　背景设置效果

（2）单击【图层】控制面板下方的【创建新图层】按钮，生成新的图层【图层1】。

（3）将前景色设置为黄色（其R、G、B的值分别为246、238、10），背景色设置为橙色（其R、G、B的值分别为255、36、0）。

（4）选取【混合器画笔】工具，单击属性栏中笔刷选项右侧的按钮，在弹出的【画笔选择】面板中选择需要的画笔形状，如图4-58所示。单击属性栏中的【切换画笔面板】按钮，弹出【画笔】控制面板，选择【画笔笔尖形状】选项，切换到相应的面板，在面板中进行设置，如图4-59所示。在属性栏中单击【每次描边后载入画笔】按钮，设置【潮湿，浅混合】模式，如图4-60所示。

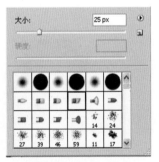

图4-58　混合器画笔笔刷形状

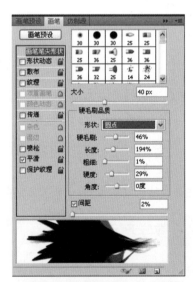

图4-59　混合器画笔笔尖形状设置

图4-60　【混合器画笔】的属性栏设置

（5）分别使用【前景色】和【背景色】进行绘制，制作出画笔的混合样式，如图4-61所示。在其属性栏中的【当前画笔载入】按钮的左侧会出现该画笔样式的预览效果，如图4-62所示。

（6）制作出画笔的混合样式后，将【图层 1】中创建的图像用选框工具选中，按Delete键删除。按Ctrl+D组合键取消选区。

（7）使用【钢笔】工具 绘制路径（路径的创建方法详解见第七章），如图4-63所示。

图4-61　画笔的混合样式　　　　图4-62　混合器画笔被载入　　　　图4-63　绘制路径

（8）切换至【路径】面板，在【工作路径】的空白处右击，在弹出的菜单中选择【描边路径】命令，并在弹出的对话框中选择描边为【混合器画笔工具】，如图4-64所示。描边后的效果如图4-65所示。单击【路径】面板中的空白处，隐藏路径。

图4-64　【描边路径】对话框　　　　　　　图4-65　描边效果图

（9）在图层面板中对【图层1】进行多次复制，并调整大小，丝带的绘制完成。

（10）打开一张美女照片，使用移动工具将图像移入，并调整位置，完成效果图的绘制。

4.7　照片修复工具

4.7.1　【历史记录画笔】工具

单击工具箱中的【历史记录画笔】工具按钮 ，可以打开【历史记录画笔】工具属性栏，如图4-66所示。

图4-66　【历史记录画笔】工具属性栏

（1）与【画笔】工具的属性栏类似，可以设置画笔的样式、模式以及不透明度等。

（2）【历史记录画笔】工具的使用方法很简单，只需在工具箱中选择该工具，然后在图像中拖动鼠标，即可将拖动过的图像区域恢复到原来的状态。

它不是将整个图像恢复到以前的状态，而是对图像的局部进行恢复，因此可以对图像进行更细微的控制。

为了达到一定的艺术效果，使用【去色】命令和【历史记录画笔】工具，可以保留图片的局部色彩。

原图如图4-67所示，完成后的效果如图4-68所示。

图4-67　原图　　　　　　　　　　　　　　　图4-68　保留照片局部色彩效果图

4.7.2　【污点修复画笔】工具

选择【污点修复画笔】工具 ，在其属性栏中选择一个柔角笔刷，将【类型】设置为【近似匹配】，在人物有痘、痦子或是雀斑的地方单击，就可以去除这些暇疵。

原图如图4-69所示，完成后的效果如图4-70所示。

图4-69　原图　　　　　　　　　　　　　　　图4-70　修复后的效果

4.7.3　【修复画笔】工具

使用【修复画笔】工具可以用于去除图像上的杂质、刮痕和褶皱，也可以合成图像。该工具是将取样点的像素溶入到目标图像中，并且会改变原图像的形状、光照、纹理等属性。

原图如图4-71所示，完成后的效果如图4-72所示。

图4-71　去除瑕疵原图

图4-72　去除瑕疵效果图

其操作方法为：

（1）选择【修复画笔】工具 ，在其属性栏中选择一个柔角笔刷，将【源】设置为【取样】，如图4-73所示。

图4-73　【修复画笔】工具属性栏设置

（2）将光标移到图像中污点以外的位置上，按住Alt键，鼠标指针将显示为⊕形状，单击某一点，然后释放Alt键，即可将该点作为取样点，如图4-74所示。

（3）在污点上拖曳鼠标，即可用取样点外的像素替换污点，从而去除图像中的瑕疵，如图4-75所示。

图4-74　取样

图4-75　去除瑕疵

小提示：在拖曳鼠标去除瑕疵的过程中，要注意十字光标所处的位置，确保取样的准确性。当取样点不合适时，要按住Alt键重新取样。

4.7.4　【仿制图章】工具

【仿制图章】工具的功能就像复印机，将图像中一个位置的像素原样复制到另外一个位置，因此两个位置的图像完全一致。使用仿制图章工具时要先定义采样点，其方法与修复画笔工具取样的方法一样。

在工具箱中选取【仿制图章】工具 ，打开其属性栏，如图4-76所示，选择合适的笔刷大小，新建一个图层，然后按住Alt键单击要复制的区域，以定义取样点，拖动鼠标即可复制图像，如图4-77和图4-78所示。

图4-76　【仿制图章】属性栏

图4-77　复制前原图

图4-78　复制后效果图

4.8　任务四：剔除照片中多余的人物

任务目的：掌握使用常用的修图工具对照片进行修理的方法。

教学案例

1．案例背景

在公共场所拍照时，时常会在自己的照片中出现其他人的身影或是其他人的部分身体。使用【仿制图章】工具、【污点修复画笔】等工具可以剔除照片中多余的人物。

2．案例效果

原图如图4-79所示，完成后的效果如图4-80所示。

图4-79　剔除照片中多余的人物原图

图4-80　完成效果

3．操作步骤

（1）打开需要处理的照片文件，如图4-79所示。

（2）在【图层】控制面板中，将【背景】图层拖曳到【创建新图层】按钮 上，得到【背景副本】图层。

（3）使用【污点修复画笔】工具，在其【属性】面板中的【类型】中勾选【内容识别】单选项，修去背景是树的人物部分。再使用【仿制图章】工具，修去背景是花丛的人物部分。在背景是花盆的部分，一定要竖着进行擦除，复制出花盆及花盆间的间隙，如图4-81所示。

（4）将图像放大，选择【多边形套索】工具 ，在图像中台阶的地方沿着台阶的边缘绘制选区。选择【移动】工具 ，按住Alt键的同时用鼠标向左移动选区中的图像将多余的图像遮盖住，按Ctrl+D组合键取消选区。同法，遮盖住台阶部分的所有图像。效果如图4-82至图4-89所示。

图4-81　修去花丛部分的人物

图4-82　补图1

图4-83　补图2

图4-84　补图3

图4-85　补图4

图4-86　补图5

图4-87　补图6

图4-88　补图7

图4-89　补图8

（5）选择【仿制图章】工具🔖，按住Alt键在图像中取样，然后在多余的图像上进行涂抹，去除拼接图像间的缝隙，效果如图4-90所示。

（6）重复前面的操作，依次得到的图像效果如图4-91至图4-93所示。最终完成多余人物的剔除。

图4-90　台阶的修补　　　图4-91　补图9　　　图4-92　补图10　　　图4-93　补图11

4.9　照片润饰工具

4.9.1　【模糊】工具

【模糊】工具◌是通过降低图像相邻像素之间的反差，使图像的边界变得柔和，常用来修复图像中杂点或折痕。

【模糊】工具的属性栏如图4-94所示，其中【强度】值用于控制模糊的程度。

图4-94　【模糊】工具属性栏

该工具的使用方法简单，设置强度值后，直接在图像中涂抹需要进行模糊处理的区域即可。如图4-95和图4-96所示，可以使用该工具模糊处理照片的边缘制作出小景深的效果。

图4-95　原图　　　　　　　　　　　图4-96　制作小景深效果图

4.9.2　【锐化】工具

　　【锐化】工具 △ 与【模糊】工具相反，它是通过增强图像相邻像素之间的反差，使图像的边界变得明显。【锐化】工具的属性栏如图4-97所示，其中【强度】值用于控制锐化的程度。

图4-97　【锐化】工具属性栏

　　使用锐化工具锐化仙人掌的刺，使它看起来更锋利。原图如图4-98所示，效果图如图4-99所示。

图4-98　原图　　　　　　　　　　　图4-99　锐化后效果图

4.9.3　【加深】工具和【减淡】工具

　　【加深】工具 ◉ 和【减淡】工具 ◉ 都是色调调整工具，它们分别通过增加和减少图像的曝光度来变暗或变亮图像，其功能与【亮度/对比度】命令相似。

　　【加深】工具和【减淡】工具使用方法完全相同，其属性栏也相同，如图4-100所示为【加深】工具的属性栏。

图4-100　【加深】工具属性栏

　　在使用这两种工具处理图像时，需要注意以下几点：

　　（1）确定色调范围：在【范围】下拉列表框中选择修改图像的色调范围。其中：

　　阴影：修改图像的暗色部分，如阴影区域等。

　　中间调：修改图像的中间色调区域，即介于阴影和高光之间的色调区域。

　　高光：修改图像的高亮区域。

　　（2）设置曝光度：【曝光度】用于控制图像加深或减淡的程度，该值越大，加深或减淡的效果越明显。

4.10　任务五：装饰咖啡杯

　　任务目标：掌握多种修饰工具调整图像的使用方法。其中包括加深工具、减淡工具、锐化工具。

教学案例

1. 案例背景

将图案贴到白色咖啡杯的杯壁上，起到装饰的作用。

2. 案例效果

原图如图4-101所示，完成后的效果如图4-102所示。

图4-101　装饰咖啡杯原图

图4-102　装饰咖啡杯效果图

3. 操作步骤

（1）打开需要装饰的咖啡杯和装饰咖啡杯素材（可以选择花卉或人物），使用移动工具将花朵图片拖曳到杯子图像的下方位置，效果如图4-103。

（2）选择【加深】工具 ，在其属性栏中单击【画笔】右侧的按钮 ，在弹出的【画笔选择】面板中选择柔角笔刷，其【主直径】为125px，【硬度】为0%。属性栏中其他的参数设置为默认值。在花朵图像上拖曳鼠标，加深图像的颜色，效果如图4-104所示。

（3）选择【减淡】工具 ，在其属性栏中单击【画笔】右侧的按钮 ，在弹出的【画笔选择】面板中选择柔角笔刷，其【主直径】为65px，【硬度】为0%。属性栏中其他的参数设置为默认值。在花瓣图像的边缘拖曳鼠标，将花瓣的边缘颜色减淡，效果如图4-105所示。

（4）选择【锐化】工具 ，在其属性栏中单击【画笔】右侧的按钮 ，在弹出的【画笔选择】面板中选择柔角笔刷，其【主直径】为100px，【硬度】为0%。属性栏中其他的参数设置为默认值。在花蕊上拖曳鼠标，将花蕊部分的图像锐化，装饰咖啡杯制作完成。

图4-103　处理前的效果图

图4-104　加深处理后的效果

图4-105　减淡处理后的效果

4.11 橡皮擦工具

4.11.1 【橡皮擦】工具

【橡皮擦】工具 就像生活中的橡皮一样，用于擦除图像。该工具的使用方法是：在工具箱中选取【橡皮擦】工具，在图像中拖动鼠标进行涂抹，即可擦除该区域中的图像。当工作图层为背景层时，擦除过的区域填充为背景色；当工作图层为普通图层时，擦除过的区域就会变为透明。

【橡皮擦】工具的属性栏如图4-106所示。

图4-106 【橡皮擦】工具属性栏

4.11.2 【背景橡皮擦】工具

【背景橡皮擦】工具 可以擦除指定颜色。它通过连续取样把前景图像从背景图像中提取出来，同时可以保护前景图像不被清除，因而非常适合于背景较为复杂、图像主体与背景界线分明的图像。

4.11.3 【魔术橡皮擦】工具

【使用魔术橡皮擦】工具可以一次性擦除图像或选区中颜色相同或相近的区域，从而得到透明区域。如果当前图层是背景图层，那么背景图层将被转换为普通图层。

重 难 点 知 识 回 顾

1．掌握绘画工具、渐变工具的使用方法，能够运用绘画工具和渐变工具进行图形的绘制。

2．掌握常用的图像修复工作的使用方法，能够恰当地选取修复工具对图像及图像中的人物进行修复处理。

3．了解常用的图像润饰工具，能够恰当地使用润饰工具对图像进行润饰。

4．了解橡皮擦工具，能够使用橡皮擦工具对图像进行适当地处理。

4.12 课后习题

一、填空题

1．在绘图时，按_____键可增大笔刷，按键_____可减小笔刷。

2．Photoshop提供了_____、_____、_____、_____等5种

类型的渐变。

3．使用_____工具之前不需要选取选区或者定义源点，只需在想要去除的瑕疵上单击或拖动鼠标，即可消除污点。

4．_____工具的功能就像复印机，将图像中一个位置的像素原样复制到另外一个位置。

二、选择题

1．画彩虹时，进行渐变填充时，应该用（　　）渐变方式。

    A．角度渐变　　　B．线性渐变　　　　C．径向渐变　　　　D．对称渐变

2．在Photoshop CS5中下面有关修补工具（PatchTool）的使用描述正确的是（　　）。

    A．修补工具和修复画笔工具在修补图像的同时都可以保留原图像的纹理、亮度、层次等信息

    B．修补工具和修复画笔工具在使用时都要先按住Alt键来确定取样点

    C．在使用修补工具操作之前所确定的修补选区不能有羽化值

    D．修补工具只能在同一张图像上使用

3．在Photoshop CS5中使用仿制图章工具（CloneStampTool）按住（　　）键并单击可以确定取样点。

    A．Alt　　　　　　B．Ctrl　　　　　　C．Shift　　　　　　D．Alt+Shift

4．在Photoshop CS5中下面有关模糊工具（BlurTool）和锐化工具（SharpenTool）的使用描述不正确的是（　　）。

    A．它们都是用于对图像细节的修饰

    B．按住Shift键就可以在这两个工具之间切换

    C．模糊工具可降低相邻像素的对比度

    D．锐化工具可增强相邻像素的对比度

三、思考题

1．如何自定义画笔？

2．如何使用修补工具修复图像？

5
0 图层

图层是Photoshop中的一个重要概念。本章节通过学习图层基本操作和编辑图层以及图层的管理、样式，复制、调整图层的相关知识来了解【图层】面板、图层的类型以及掌握如何创建和编辑图层，应用链接图层、图层组管理图层。

5.1　图层的理解与基本操作

图层是Photoshop的灵魂载体，图层上承载了图像的全部信息。深刻地理解图层，对于利用Photoshop制作和处理图像是非常关键的。

5.1.1　认识图层

1．理解图层

图层就像一张张的透明纸叠放在一起，供用户在上面作图。透过上面的图层可以看到底下的图层。使用图层的最大好处是，可以在不影响图像中其他图形元素的情况下处理某一图形元素。另外，图层之间的顺序还可以随意调整，如图5-1所示。

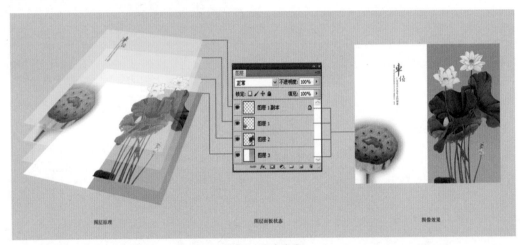

图5-1　图层效果

2．图层面板

Photoshop的各项图层功能主要通过【图层】面板实现。它位于默认工作区右下方的组合面板中，通常和【通道】面板、【路径】面板组成组合面板。如图5-2所示为一个由背景、图形、文字、人物组成的广告设计作品。其图层面板的效果如图5-3所示。

（1）混合模式 正常 ：设置当前图层与其他图层的颜色叠加混合效果。

（2）不透明度 不透明度:100% ：设置图层的透明度。

（3）填充 填充:100% ：用于设置当前图层填充后的内部不透明度。

图5-2 广告设计作品

图5-3 图层面板效果

（4）锁定工具栏 ：单击锁定工具栏上的按钮就可以锁定当前图像的相应对象。该工具栏从左到右依次为【锁定透明像素】按钮、【锁定图像像素】按钮、【锁定位置】按钮及【锁定全部】按钮。

（5）【图层控制】按钮 ：这组按钮控制着图层的基本操作，各按钮的功能从左到右依次为连接图层、添加图层样式、添加图层蒙版、创建新的填充或调整图层、创建新组、创建新图层及删除图层。

（6）【指示图层可视性】图标 ：在画面上显示或隐藏图层。

5.1.2 图层的基本编辑

1. 新建图层

图层有很多种类型，有背景图层、普通图层、文字图层、形状图层和调整图层，要对图层进行深入学习，首先应掌握各类图层的创建方法。

（1）创建普通图层

在【图层】面板中单击【创建新图层】 按钮即可在当前图层上方新建一个空白图层，如图5-4所示。

（2）创建文字图层

单击【文字工具】 ，在图像中单击鼠标，出现闪烁光标后输入文字，按下Ctrl+Enter组合键即可确认，如图5-5所示。

图5-4 普通图层

图5-5 文字图层

（3）创建形状图层

单击【自定形状工具】 ，在属性栏上单击【形状图层】按钮 ，在形状下拉列表中选择相应的形状，在图像上单击并拖动鼠标，则会自动出现形状图层，如图5-6所示。

（4）创建调整图层

单击【图层】面板下方的【创建新的填充或调整图层】按钮 ，在弹出的菜单中选择【色彩平衡】命令，设置适应调整参数后单击【确定】按钮，在【图层】面板中出现调整图层，如图5-7所示。

图5-6　形状图层

图5-7　调整图层

2．选择图层

在对图像进行编辑和修饰前，要选择相应图层作为当前工作图层，此时只须将光标移动到【图层】面板上，当其变为 形状时单击需要选择的图层即可，如图5-8所示。在单击第一个图层的同时按住Shift键单击最后一个图层，即可选择之间的所有图层，如图5-9所示。按住Ctrl键的同时单击需要选择的图层，这样可以选择非连续的多个图层，如图5-10所示。

图5-8　选择图层

图5-9　选择所有图层

图5-10　选择非连续的多个图层

3．复制、重命名、删除图层

选择需要复制的图层，将其拖动到【创建新图层】按钮 上即可复制出一个副本图层，如图5-11所示。而在复制出的副本图层名称上双击鼠标，图层名称即变为可编辑状态，此时输入新的图层名称，按Enter键确认即可重命名该图层，如图5-12所示。将不需要的图层拖动到【删除图层】按钮 上，释放鼠标即可删除图层，如图5-13所示。

图5-11 复制图层

图5-12 重命名图层

图5-13 删除图层

5.2 图层的显示与移动

5.2.1 显示与隐藏

图层是通过单击图层左边的【指示图层可视性】按钮👁显示和隐藏的。单击【指示图层可视性】按钮👁，即可在打开与关闭之间切换，可以随时隐藏不需要的图层，在设计过程中，通过隐藏或显示图层观察整体或局部效果，直到设计出好的、满意的作品。

5.2.2 锁定图层

锁定图层的作用是防止在完成的图层上进行错误的操作，影响图层效果。背景图层自动具有锁定功能，在默认的情况下是呈现锁定状态的。而其他图层要选择需要锁定的图层，然后在【图层】面板中单击相应的锁定按钮 锁定:☑╱✛🔒 即可。在Photoshop中可以设置不同的锁定状态。

（1）【锁定透明像素】☑按钮：此项作用是保持图像中透明的部分的图像不发生变化。

（2）【锁定图像像素】╱按钮：在选择的图像上使用了这项锁定就无法修改图层中的像素，也就禁止了对图层的绘制或者修改。

（3）【锁定位置】✛按钮：选择要锁定的图层，单击【锁定位置】按钮后，就无法移动图像。

（4）【锁定全部】🔒按钮：当图层选择【锁定全部】🔒按钮时图像既不能移动，也不能绘制。

5.2.3 图层的位置移动与变换

图层的位置变化直接影响图像效果，最常用的方法是在【图层】面板中单击选择需要调整位置的图层，将其直接拖动到目标位置，出现黑色双线时释放鼠标即可，如图5-14所示。这是在同一个图像中调整图像的叠放位置，还有一种是在两个图像中移动图层。其方法是在工具箱中单击【移动工具】➤╋，然后选择需要移动的图层，按住鼠标左键不放并将图层拖动到另一个图像文件上，当目标图像文件上出现图标时释放鼠标即可。

5.2.4 图层的对齐和分布

对齐图层是指将两个以上图层按一定规律进行对齐排列。在【图层】面板中选择需要对齐的图层，执行【图层】→【对齐】命令，弹出如图5-15所示的子菜单，在其中选择相应的对齐方式即可。分布图层是指将3个以上图层按一定规律在图像窗口中进行分布。在【图层】面板中选择图层后执行【图层】→【分布】命令，在弹出的如图5-16所示的子菜单中选择所需的分布方式即可。

图5-14 移动图层

图5-15 对齐子菜单

图5-16 分布子菜单

5.2.5 图层层次关系

图像一般由多个图层组成，而图层的叠放次序直接影响图像显示的效果。上面的图层总是掩盖其下面的图层。编辑图像时，可以调整各图层之间的层次关系，来实现最终的效果。

调整图层的层次关系可以通过执行【图层】→【排列】菜单命令中的子菜单命令来进行，如图5-17所示。如果图像中含有背景图层，即使选中了【置为底层】菜单命令，该图层图像仍然只能在背景图层之上，主要是因为背景图层始终位于最底部。

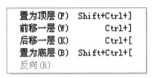

图5-17 排列子菜单

5.3 图层的简单管理

5.3.1 图层的链接

图层的链接是指将多个图层链接在一起，链接后可同时对已链接的多个图层进行移动、变化和复制操作。要链接图层，应在【图层】面板中选择至少两个图层，单击【链接图层】按钮 ⊖ 即可。

5.3.2 图层的合并与盖印

1. 合并图层

合并图层就是将两个或两个以上图层中的图像合并在一个图层上。在处理复杂图像时会产生大量的图层，此时可根据需要对图层进行合并，从而减少图层的数量以便操作。

合并图层有3种方式：

（1）向下合并图层：向下合并图层就是将当前图层与其下方紧邻的第一个图层进行合并。执行【图层】→【合并图层】命令即可向下合并图层。

（2）合并可见图层：合并可见图层就是将图层中可见的非隐藏的图层合并在一个图层中。执行【图层】→【合并可见图层】命令即可合并可见图层。

（3）拼合图像：拼合图像就是将所有可见图层进行合并，而丢弃隐藏的图层。单击【图层】面板右上角的■按钮，在弹出的菜单中选择【拼合图像】选项，如图5-18所示，即可将所有图层直接拼合为背景图层。

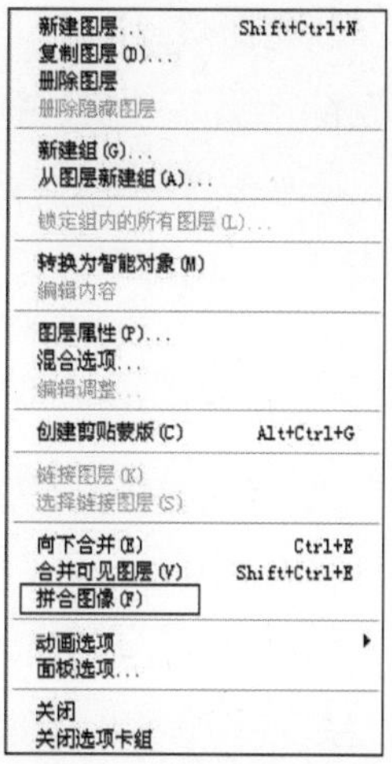

图5-18　【拼合图像】选项

2．盖印图层

盖印是一种特殊的合并图层的方法。它可以将多个图层中的图像内容合并到一个新的图层中，同时保持其他图层完好无损。如果想要得到某些图层的合并效果，而又要保持原图层完整时，盖印图层是最佳的解决办法。选择一个图层，如图5-19所示，按Ctrl+Alt+E组合键，可以将它们盖印到一个新的图层中，原有图层的内容保持不变，如图5-20所示。如果盖印多个图层，就同时选中多个图层，按Ctrl+Alt+E组合键，就可以将它们盖印到一个新的图层中，而原有图层的内容保持不变。

图5-19　盖印前效果

图5-20　盖印后效果

5.3.3　图层组

在对图像进行处理时经常会遇到图层比较多的情况，这时就可以利用图层组将图层进行分门别类的管理，来节省工作时间、提高工作效率。

1．新建和删除图层组

创建图层组的方法是单击【图层】面板底部的【创建新组】按钮■。新建的图层组前有一个【扩展】按钮■，单击该按钮，按钮呈■状态时即可查看图层组中包含的图层，再次单击该按钮即可将图层组层叠。

新建图层组后也可以将其删除，方法是在【图层】面板中选择要删除的图层组，单击

【删除图层】按钮  。打开对话框如图5-21所示，若单击【组和内容】按钮，则在删除组的同时还将删除组内的图层；若单击【仅组】按钮，则只删除图层组，并不删除组内的图层。

图5-21　删除图层组对话框

2. 图层组的移动

图层组的移动包括以下两种方式。一是移入移出图层组，当图层处于层叠状态时，选择需要移入的图层，将其拖动到【创建新组】按钮上，当出现黑色双线时释放鼠标即可将图层移入图层组中。将图层移出图层组的方法类似。二是两个图层组中的图层移动，选择需要移入到另一个图层组的图层，将图层拖动到另一个【创建新组】按钮上，出现黑色双线时释放鼠标即可。

3. 合并图层组

单击选中要合并的图层组，然后右击，在弹出的快捷菜单中选择【合并组】命令，即可将图层组中的所有图层合并为一个图层。

5.4　图层的不透明度

5.4.1　不透明度

利用【图层】面板的不透明度选项，可以将图层图像调整为透明或者不透明的状态。当【不透明度】值为0的时候，图像变为完全透明状态；当【不透明度】值为100%的时候，图像就会变为完全不透明状态。通过对不透明的简单调节，可以获得图像合成效果，所以该功能在图像合成工作中会经常使用。

5.4.2　填充不透明度

图层填充不透明度影响图层中绘制的像素或图层上绘制的形状，但不影响已应用于图层的任何图层效果的不透明度。

例如，如果图层包含使用投影图层效果绘制的形状或文本，则可调整填充不透明度以便在不更改阴影的不透明度的情况下，更改形状或文本自身的不透明度。

在【图层】面板的【不透明度】 不透明度:100%▸ 文本框中输入值，或拖动【不透明度】弹出式滑块。或双击某个图层缩览图，选择【图层】→【图层样式】→【混合选项】命令如图5-22所示，然后在【填充不透明度】文本框中输入值，或者拖移【填充不透明度】弹出式滑块。

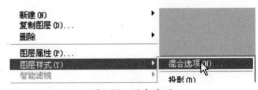

图5-22　混合选项

5.5 任务一：应用图层样式制作立体花纹装饰

任务目的：掌握图层样式的使用方法，并能制作装饰插画的立体花纹效果。

5.5.1 教学案例

1．案例背景

现在很多广告及插画作品中都使用了为人物图像添加立体装饰花纹的效果，这种花纹立体感强烈、色彩绚丽，很容易引起人们的关注，使得画面更具有视觉冲击力及艺术表现力。

2．案例效果

原图如图5-23所示，完成后的效果如图5-24所示。

图5-23 原图效果

图5-24 完成的效果图

3．案例操作步骤

（1）执行【文件】→【新建】命令，新建A4大小的文档如图5-25所示，使用钢笔工具绘制花纹曲线路径如图5-26所示。

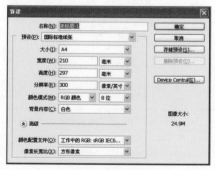

图5-25 新建文档

图5-26 花纹曲线路径

（2）新建图层，将路径转换为选区，为了保证完成的画面为蓝紫色系，在蓝紫色系中选择一色彩设置为前景色，并填充选区如图5-27所示。

（3）方法同上，绘制出其他花纹图案如图5-28、图5-29所示。

图5-27　填充颜色

图5-28　绘制花纹

图5-29　花纹完成样式

（4）执行【文件】→【打开】命令。打开一个不带背景的psd格式的美女图片文件。并把人物拖拽到背景上，如图5-30、图5-31所示。

图5-30　图层效果

图5-31　人物背景合成效果

（5）将制作好的花纹图案移动至【人物背景】文档中，并调整其大小、角度和位置，如图5-32所示。

（6）接下来为花纹添加【内阴影】图层样式，制作出暗部效果，内阴影各项设置如图5-33所示。

图5-32　花纹合成后效果

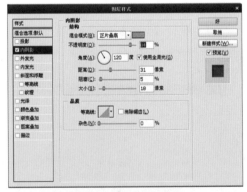

图5-33　内阴影效果设置

（7）为花纹添加【斜面和浮雕】图层样式，制作出高光部分，使其效果更加立体，【斜面和浮雕】图层样式各项设置如图5-34所示，设置完毕后单击【确定】按钮关闭对话框，效果如图5-35所示。

（8）继续为其他花纹图案添加上述所示的图层样式。花纹的大小、形状和角度都会影响图层样式参数的设置，大家可以多试几次，以达到最好的效果。

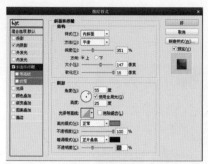

图5-34　【斜面和浮雕】效果设置

图5-35　完成效果

提示：为了快捷方便，可以使用拷贝图层样式及粘贴图层样式，如图5-36至图5-38所示，完成效果如图5-39所示。

图5-36　拷贝图层

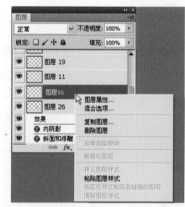

图5-37　粘贴图层样式

图5-38　图层样式完成效果

图5-39　设置完图层样式的效果

（9）打开素材【图案1.jpg】和【图案2.jpg】文件，执行【编辑】→【定义图案】命令，定义完毕后关闭素材文档，如图5-40所示。

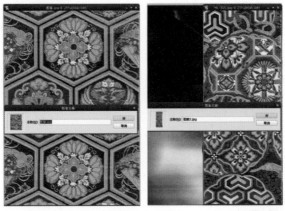

图5-40　定义图案

（10）接下来为部分花纹添加【图案叠加】图层样式，图案叠加效果设置如图5-41所示。可以根据花纹的不同效果调整数值，效果如图5-42所示。

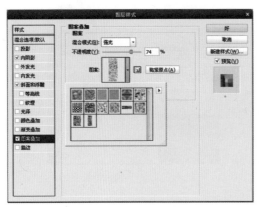

图5-41　图案叠加效果设置

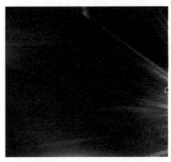

图5-42　添加花纹效果

（11）设置完图案的花纹效果如图5-43示。

（12）接下来可以添加一些文字来丰富画面效果，如图5-44所示。

图5-43　添加完所有花纹效果

图5-44　文字效果

5.5.2 知识扩展

图层样式是Photoshop中制作图像特效的重要手段，在图像中可以应用投影、发光、斜面和浮雕、描边等图层样式，将图层效果保存为预设图层样式可以方便重复使用。一旦应用图层样式，当改变了图层内容时这些效果也会自动更新。

单击【图层】面板下方的【添加样式】按钮就会弹出菜单，可以从中选择需要的图层样式命令。选择【混合选项】选项弹出【图层样式】对话框，该对话框包含图层样式选择组、混合选项选择组、高级混合选择组。

【图层样式】对话框左侧提供了可以在图像上添加阴影或立体效果的功能，利用渐变和图案实现叠加、描边等多种特殊效果。如果选择左侧显示的图层样式项，右侧就会显示相应的选项，如图5-45所示。

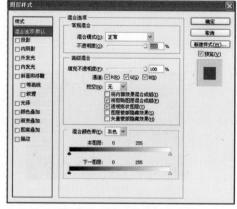

图5-45 【图层样式】面板

5.5.3 案例扩展

运用以上实例的方法，尝试完成下面这副插画设计，如图5-46所示。

图5-46 插画效果

5.6 任务二：应用图层样式制作岩石字体

任务目的：掌握图层样式的使用方法，并学会制作岩石字体。

5.6.1 教学案例

1. 案例背景

对于现代平面设计而言字体设计是不可分割的一部分，字体的美感视觉传达效果有着直接影响。文字的设计呈现出多元化、艺术化的趋势。优秀的字体设计对于平面设计可以起到画龙点睛的作用。

2．案例效果

作品完成效果如图5-47所示。

3．案例操作步骤

（1）执行【文件】→【打开】命令。打开一张岩石材质图片文件，如图5-48所示。使用文字工具 T 在背景上输入英文字STONE或者其他自己喜欢的字，如图5-49所示。

图5-47　插画效果

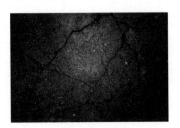

图5-48　岩石背景

图5-49　输入字体效果

（2）为文字图层设置图层样式，添加内发光效果，参数设置如图5-50所示，文字设置完内发光效果如图5-51所示。

图5-50　【内发光】效果参数设置

图5-51　设置内发光效果

（3）接下来给文字设置投影效果，参数设置如图5-52所示，文字设置完效果如图5-53所示。

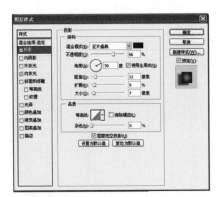

图5-52　【投影】效果参数设置

图5-53　设置阴影效果

（4）继续给文字设置【斜面和浮雕】效果、【等高线】效果，参数设置如图5-54、图5-55所示，文字设置完效果如图5-56所示。

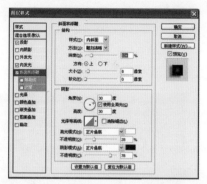

图5-54　【斜面和浮雕】参数设置

图5-55　【等高线】样式设置

图5-56　设置斜面和浮雕、等高线效果

（5）最后为文字设置【外发光】效果，参数设置如图5-57所示，文字设置完效果如图5-58所示。

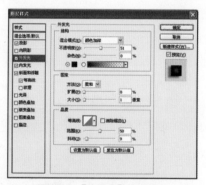

图5-57　【外发光】参数设置

图5-58　设置外发光效果

（6）设置图层的色彩模式为强光，如图5-59所示。文字设置完强光效果，如图5-60所示。

图5-59　设置强光色彩模式

图5-60　设置强光效果

（7）为了使文字效果更加逼真，选择  工具把文字带有岩石缝的地方全选并删除掉，效果如图5-61所示。

（8）最后选择加深工具 ，为文字加深，使文字颜色与背景颜色相同，以达到更逼真的效果，如图5-62所示。

图5-61　删除效果

图5-62　最终效果

5.6.2　知识扩展：其他图层样式

（1）【光泽】：在图层内部根据图层的形状应用阴影，创建出光滑的磨光效果。

（2）【颜色叠加】：可以在图层内容上填充一种纯色。此图层样式与使用【填充】菜单命令填充前景色的功能相同，与建立一个纯色的填充图层类似，只不过【颜色叠加】图层样式比上述两种方法更方便，因为可以顺便更改已填充的颜色。

（3）【渐变叠加】：可以在图层内容上填充一个渐变颜色。此图层样式与图层中填充渐变颜色的功能相同，与创建渐变填充图层功能相似。

（4）【图案叠加】：可以在图层内容上填充一种图案。此图层样式与使用【填充】菜单命令填充图案的功能相同，与创建图案填充图层功能相似。

（5）【描边】："描边"效果可以用于颜色、渐变或图像对象的轮廓，它对于硬边形状，如文字等特别有用。

5.6.3　案例扩展

运用以上实例的方法，尝试完成下面这个字体设计作品，如图5-63所示。

图5-63　立体字效果

5.7　任务三：应用图层知识设计制作大众汽车广告

任务目的：通过制作矢量图形并添加图层样式制作出的光感效果来完成平面广告设计。

5.7.1 教学案例

1．案例背景

广告设计是基于在计算机平面设计技术应用的基础上，主要特征是对图像、文字、色彩、版面、图形等表达广告的元素，结合广告媒体的使用特征，在计算机上通过相关设计软件（Photoshop就是其中重要的软件）来为实现表达广告的目的和意图，所进行平面艺术创意性的一种设计活动或过程。

2．案例效果

作品完成效果如图5-64所示。

3．案例操作步骤

图5-64 大众汽车广告完成效果

（1）执行【文件】→【新建】命令或单击快捷键Ctrl+N创建一个A4尺寸、分辨率为300像素的文件，如图5-65所示，并为背景填充灰色如图5-66所示。

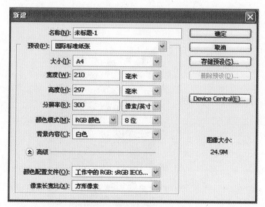

图5-65 【新建】对话框   图5-66 填充灰色背景

（2）选择椭圆工具 ，在工具栏中单击形状图层按钮 ，按住Shift键绘制一个正圆。如图5-67所示。在【图层】面板中生成一个形状图层，如图5-68所示。

图5-67 绘制正圆

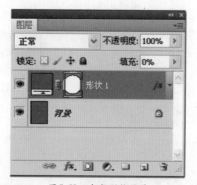

图5-68 生成形状图层

（3）双击该图层，打开【图层样式】对话框，选择【内发光】，参数设置如图5-69所示。在【图层】面板中将图层的【填充】值调整为0%，如图5-70所示。使形状变为透明，只显示增加的效果，如图5-71所示。

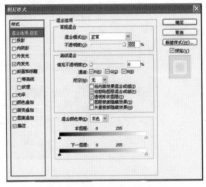  

图5-69　【内发光】参数设置　　　　图5-70　【填充】值为0%　　　　图5-71　设置后效果

（4）将【形状1】图层拖拽到【新建图层】按钮上 复制出【形状1副本】，并按下Ctrl+T键将其缩小放置在如图5-72所示的位置上。接下来再复制两个小的放置在如图5-73所示的位置上，方法同上。

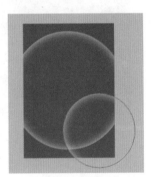 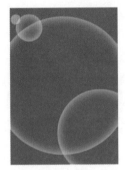

图5-72　效果1　　　　　　　　　　　　　图5-73　效果2

（5）使用椭圆工具 按住Shift键在页面中心绘制一个正圆，如图5-74所示。新的形状图层会自动产生与其他图层相同的效果，双击该图层，打开【图层样式】对话框，选择【描边】效果，参数设置如图5-75所示。设置描边后效果如图5-76所示。

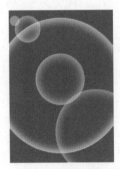 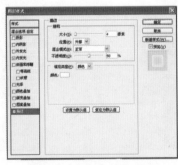 

图5-74　绘制正圆　　　　　　图5-75　【描边】参数设置　　　　图5-76　描边后效果

（6）单击 ■ 按钮，新建一个图层。选择线性渐变工具■，调整渐变颜色，如图5-77所示。从左上角到右下角方向拖出渐变，如图5-78所示。颜色模式设置为【叠加】，设置叠加后效果如图5-79所示。

图5-77 【渐变编辑器】对话框

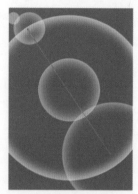

图5-78 渐变效果

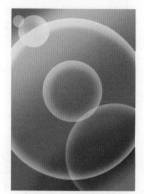

图5-79 叠加后效果

（7）执行【文件】→【打开】命令。打开选择好的火焰素材文件。把图形拖拽到此文件里，放置在与大圆对齐的位置，如图5-80所示。并将此图层颜色模式设置为【滤色】，如图5-81所示。设置完颜色模式效果，如图5-82所示。

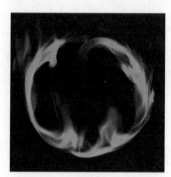

图5-80

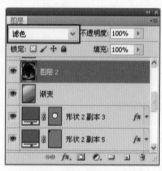

图5-81 【滤色】颜色模式

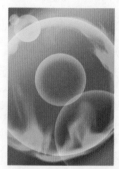

图5-82 颜色模式效果

（7）接下来再执行【文件】→【打开】命令。打开不带背景的PSD格式的汽车图片文件。把汽车拖拽到此文件里，并将汽车放置在画面中间的圆圈里，如图5-83所示。并复制该图层，方法同上，再把该同层内的汽车执行【编辑】→【变换】→【垂直翻转】命令，最后修改其【不透明度】值为36%，如图5-84所示。效果如图5-85所示。

图5-83

图5-84 设置不透明度

图5-85

（8）执行【文件】→【打开】命令。打开汽车标志文件。把汽车标志拖拽到此文件里，并将其放置在画面中，如图5-86所示。在标志的下方加上公司及汽车品牌名称，如图5-87所示。完成汽车广告设计，如图5-88所示。

图5-86　加汽车标志

图5-87　加文字

图5-88　完成效果

5.7.2　知识扩展：管理样式

当编辑一个效果不错的图层样式，可以将它定义为一个样式来使用。但是，如果重新安装Photoshop，该样式就会被删除。为了在下次重装Photoshop时还可以使用自己定义的样式，可以将样式保存成样式文件。方法是在【样式】面板菜单中选择【存储样式】菜单命令，如图5-89所示。弹出【存储】对话框，如图5-90所示。在该对话框中进行设置保存样式文件，保存后的文件扩展名为.ASL。

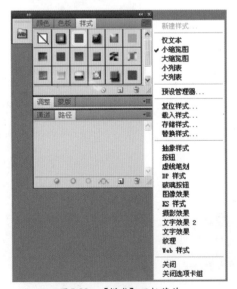
图5-89　【样式】面板菜单

图5-90　【存储】对话框

也可以将样式文件安装到Photoshop中进行使用。选择【样式】面板菜单中的【载入样式】菜单命令，弹出【载入】对话框，在其中找到扩展名为.ASL的文件，最后单击【载入】

按钮即可。

　　用户也可以将【样式】面板中的样式删除，只要在【样式】面板中将样式拖至【删除样式】按钮 🗑 上即可，或者在要删除的样式上右击，在弹出的快捷菜单中选择【删除样式】菜单命令即可。

5.7.3　案例扩展

　　运用以上实例的方法，尝试完成下面这个房地产广告设计，如图5-91所示。

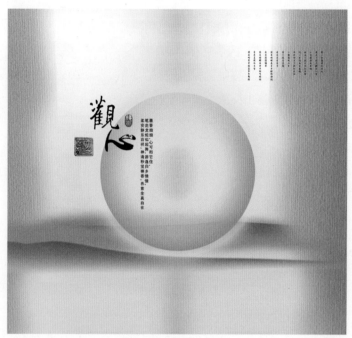

图5-91　房地产广告设计

重 难 点 知 识 回 顾

　　1．掌握图层跟图层的新建、复制、重命名、链接、锁定、合并及盖印等操作与编辑。

　　2．了解并运用各类图层混合模式和图层样式制作实例。

5.8　课后习题

一、填空题

　　1．在Photoshop CS5中新建普通图层的快捷键是_____。

　　2．在图层面板中要隐藏某些图层，只须单击这些图层前的_____图标将其隐藏。

　　3．图层控制面板的快捷键是_____。

4．图层的位置前移一层的快捷键是_____，后移一层的快捷键是_____，置为顶层的快捷键是_____，置为底层的快捷键是_____。

二、选择题

1．下列方法可以建立一个空白图层的是（　　）。

    A．双击【图层】调板的空白处

    B．单击【图层】面板下方的新建按钮

    C．使用鼠标将当前图像拖动到另一张图像上

    D．使用文字工具在图像中添加文字

2．下列操作不能删除当前图层的是（　　）。

    A．将此图层用鼠标拖至垃圾桶图标上

    B．在图层调板右边的弹出菜单中选删除图层命令

    C．直接按Delete键

    D．直接按Esc键

3．以下选项中属于图层的混合模式的有（　　）。

    A．正常　　　　　　　　　　B．强光

    C．溶解　　　　　　　　　　D．叠加

4．下列操作可以向下合并一个图层的是（　　）。

    A．Ctrl+]　　　　　　　　　B．Ctrl+A

    C．Ctrl+E　　　　　　　　　D．Ctrl+ Shift +]

5．下列操作可以选择连续多个图层的是（　　）。

    A．先单击第一个图层，然后按住Shift键单击最后一个图层，可选择多个连续的图层

    B．按住Ctrl键在【图层】调板中单击这些图层，可选择多个连续图层

    C．按住Alt键在【图层】调板中单击这些图层，可选择多个连续图层

    D．按住Alt+Shift键在【图层】调板中单击这些图层，可选择多个连续图层

6

蒙版与通道

通过本章的学习，了解掌握通道的基本功能、通道面板组成、选择区域与通道的关系以及掌握快速蒙版、蒙版的产生和编辑、图像合成等功能的使用。

如果把图层比作一棵大树的主干，那么通道和蒙版就好比树杈，因此，通道和蒙版是Photoshop图像处理中的两个不可缺少的利器，起着举足轻重的作用。但是，在实际工作中人们往往只重视图层的使用，而忽略了通道和蒙版，使Photoshop的功能得不到充分发挥。当然，要熟练使用这两个利器，并有效地发挥其功能，也不是一朝一夕的事。只有经过长期的学习实践和不断积累经验，才能行之有效地发挥其功能，使创意设计跨越更高境地。

6.1 蒙版的类型与使用

在Photoshop中，蒙版就像是特定的遮罩，控制着图层或图层组中的不同区域如何隐藏和显示。通过更改蒙版，可以对图层应用各种特殊效果，而不会影响该图层上的像素。

蒙版分为4种，分别为快速蒙版、矢量蒙版、图层蒙版和剪贴蒙版。

6.1.1 快速蒙版

快速蒙版是一个编辑选区的临时环境，可以辅助用户创建选区。快速蒙版是蒙版最基础的操作方式，在这样的操作中可以建立不规则并同时有多种不同羽化值的选区，这种选区的随意性和自由性很强，是利用选择选框工具所得不到的特殊选区。我们只需要单击工具栏下方的图标 ，就可以建立快速蒙版，然后通过画笔在图像上添加红色蒙版，通过橡皮擦擦除不需要被遮罩保护的蒙版部分，从而得到灵活多变的选区。也就是说，快速蒙版的功能就是建立自定义的特殊的选区。所以，当需要用特殊的选区来选择图像操作的时候，一定要使用快速蒙版。

（1）制作好选择区域，如图6-1所示。

（2）单击工具面板下方的快速蒙版按钮（或在英文输入状态下按快捷键Q），如图6-2所示。为了方便区分快速蒙版与图像，快速蒙版是以50%的红色显示的（红色的部分原本是黑色的，只是方便观察，所以改用其他颜色呈现）。

图6-1　制作选区

图6-2　快速蒙版工具

（3）选择的区域在进入快速蒙版模式时会是白色的，没有选择到的区域则是黑色的，如图6-3所示。

（4）这时就可以用各种方法来修改这个选择区域，用喷枪工具或是滤镜、贴入图像等方法都能修改选择区域。修改好后，如图6-4所示，只要按下工具面板下方的正常模式按钮，如图6-5所示，就可以将修改好的快速蒙版转换成选择区域了，如图6-6所示。

图6-3　选区蒙版

图6-4　修改选区

图6-5　快速蒙版工具

图6-6　获得选区

快速蒙版最大的好处就是能够精确地调整选择区域，比如有些要去除背景的对象边缘并不很明显，如图6-7所示，不太容易制作选择区域，我们就可以利用快速蒙版将选择区域用画笔画出来（可以画笔、套索、钢笔等工具综合运用），如图6-8所示，然后就可以精确地去除背景，如图6-9所示。

图6-7　鸟

图6-8　快速蒙版模式

图6-9　去除背景

快速蒙版就是通道，在进入快速蒙版模式时，在【通道】面板下方会出现快速蒙版的暂时性Alpha通道，如图6-10所示，只要回到正常模式，这个暂时的快速蒙版就会自动消失。

如果觉得快速蒙版的显示50%的红色与图像冲突时，例如图像本身也是红色系时，可以在【通道】面板里的【快速蒙版】里设置显示的颜色，如图6-11所示。

图6-10　【通道】面板

图6-11　【快速蒙版选项】对话框

6.1.2 矢量蒙版

矢量蒙版是依靠路径图形来定义图层中图像的显示区域。它与分辨率无关，是由钢笔或形状工具创建的。使用矢量蒙版可以在图层上创建锐化、无锯齿的边缘形状，如图6-12所示。

在为某个图层添加了图层蒙版后，仍然可以再为该图层添加矢量蒙版，如图6-13所示。

图6-12　矢量蒙版

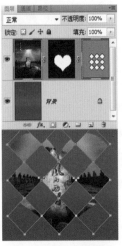

图6-13　添加矢量蒙版

1．创建并编辑矢量蒙版

（1）执行【文件】→【打开】命令，打开图片文件如图6-14所示。

（2）选择【组1】图层组，执行【图层】→【矢量蒙版】→【显示全部】命令，为其添加矢量蒙版，如图6-15所示。执行该命令创建的白色矢量蒙版，表示该图层组的内容全部可见（按下Ctrl键单击【添加图层蒙版】按钮，将选择图层或图层组添加显示全部的矢量蒙版；按下Ctrl+Alt键单击【添加图层蒙版】按钮，将添加隐藏全部的矢量蒙版）。

图6-14　风雨西湖

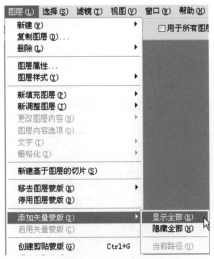

图6-15　创建矢量图层

（3）确认蒙版为选择状态，使用【钢笔工具】 ✐ 在视图中绘制路径，即可获得不可见区域，如图6-16所示。

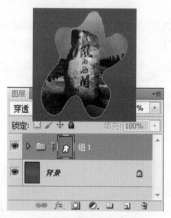

图6-16 编辑矢量蒙版

图6-17 绘制矩形路径

（4）将该文档还原为打开时的初始状态，然后选择【矩形工具】，设置其工具选项栏，然后在视图中绘制矩形路径，如图6-17所示。

（5）选择【组1】图层组，执行【图层】→【矢量蒙版】→【当前路径】命令，根据当前工作路径建立矢量蒙版。如图6-18所示，矩形路径内的图像内容可见，路径外的图像内容被蒙版遮蔽。

（6）接着使用【直接选择工具】 ▶+ 选择矩形路径，如图6-19所示调整路径形态，蒙版内容也随之发生变化。

图6-18 由当前路径创建矢量蒙版

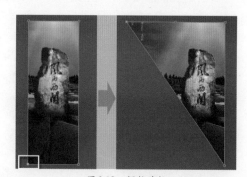

图6-19 调整路径

（7）选择【矩形工具】 ▢，设置工具选项栏，然后在蒙版中绘制矩形路径，减去部分路径，减去的部分则被蒙版遮蔽掉，效果如图6-20所示。

2. 将矢量蒙版转换为图层蒙版

矢量蒙版不能应用绘图工具和滤镜等命令，我们可以将矢量蒙版转换为图层蒙版再进行编辑。需要注意的是，一旦将矢量蒙版转换为图层蒙版，就无法再将它改回矢量对象。

确认【组1】图层为当前选择状态，执行【图层】→【栅格化】→【矢量蒙版】命令，即可将矢量蒙版转换为图层蒙版，如图6-21所示。

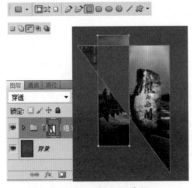

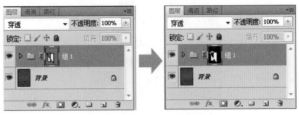

图6-20 编辑矢量蒙版　　　　　图6-21 栅格化矢量蒙版

（我们也可以在矢量蒙版上右击，从弹出的快捷菜单中选择【停用矢量蒙版】、【删除矢量蒙版】或【栅格化矢量蒙版】命令，对矢量蒙版进行编辑。）

6.1.3 图层蒙版

在以前的暗房合成时代必须要使用一片蒙版来遮住不需要曝光的部分，Photoshop的蒙版也是一样的道理。图层蒙版（Mask）是在一个图层里加入一个蒙版来控制图层的显示范围，可以随时修改，并且不会修改到图片本身。因此，失败了完全可以重来，这是图层蒙版最大的优点。

事实上蒙版是一个灰度图像，其效果与分辨率相关。在通道中将有颜色的区域设置为遮盖的区域时，白色的区域即为透明的区域，而灰色的区域则是半透明区域，总结成一句话就是"白色是我们想要的，黑色是我们不想要的，灰色是我们似要非要的"，而这句话也是正确理解、运用蒙版与通道的关键。

1．添加和编辑图层蒙版

（1）首先打开两个图像文件"风景"、"雄鹰"，如图6-22和图6-23所示。

图6-22 风景　　　　　　　　　图6-23 雄鹰

（2）选择【选择】→【全选】命令，将"雄鹰"图像文件选中，然后选择【编辑】→【拷贝】命令，将选区拷贝下来，再选择【编辑】→【粘贴】命令，将图像粘贴到另一幅图像文件"风景"中，如图6-24所示。

图6-24　复制粘贴后效果

（3）选择【图层】→【添加图层蒙版】命令，或单击【图层】面板下方的【添加图层蒙版】▣命令，如图6-25所示。则在【图层】面板内，在当前的图层旁边出现一个蒙版，并且与当前图层用链接符号相连，如图6-26所示。

图6-25　添加图层蒙版

图6-26　添加图层蒙版后

（4）在图层蒙版中可以对图像进行各种设置，用工具箱中的毛笔在蒙版区进行编辑，毛笔在蒙版中沿着鹰的边缘描绘，就会将图层内的像素遮住，而当前图层下的背景图层的内容就显露出来，如图6-27所示。

按默认设置，图层与它的图层蒙版是链接的，在【图层】面板中用缩视图之间的链接图标表示，如图6-28所示。用移动工具移动它们中的任意一个时，图层和图层蒙版在图像中一起移动。

图6-27　添加图层蒙版效果

图6-28　【图层】面板

通过单击链接图标可以取消链接图层和图层蒙版。取消两者之间的链接后，用户可以独立移动它们，及单独移动图层中的蒙版范围，如图6-29所示。要重新建立链接，在图层缩视图和图层蒙版缩视图之间单击。

2．停用与启用图层蒙版

如要停用图层蒙版，只需要在图层蒙版缩览图上右击，在弹出菜单中选择停用图层蒙版，如需要重新启用，只需在图层蒙版缩览图上单击或在图层蒙版上右击，在弹出菜单中选择启用图层蒙版，如图6-30所示。

图6-29 取消图层蒙版链接

图6-30 停用图层蒙版

3．删除与应用图层蒙版

完成创建图层蒙版后，可以应用蒙版并使更改永久保存，或去掉蒙版以放弃所作的修改。图层蒙版是作为 Alpha 通道存储的，应用和不应用图层蒙版有助于减小文件大小。

（1）单击【图层】面板中的图层蒙版缩视图。

（2）执行以下的一项操作：

1）单击【图层】面板底部的 🗑 "垃圾桶"图标，弹出如图所示对话框。要去掉图层蒙版并使更改永久保存，单击【应用】按钮；要去掉图层蒙版放弃所作的更改，单击【不应用】按钮。

2）选取【图层】→【图层蒙版】→【删除】命令。

4．将通道转为图层蒙版

（1）打开文件"通道转蒙版.psd"，在【通道】面板中，单击【将通道作为选区载入】◎命令（按住Ctrl键同时单击通道层），将通道转化为选区，如图6-31所示。

（2）在【图层】面板中，选中需要添加图层蒙版的层再单击【添加图层蒙版】◎，通道即转为图层蒙版，如图6-32所示。

图6-31 将通道作为选区载入

图6-32 通道转蒙版

6.1.4 剪贴蒙版

Photoshop在创建剪贴蒙版时要有两个图层，对上面的图层创建剪贴蒙版后，上面的图层只显示下面的图层的形状，用下面的图层剪切上面的图层，即上面的图层只显示下面图层范围内的像素。

用通俗的方式来理解的话，可以这么说：我们就像在不透明的塑料板上"凿洞"，可以凿许多大大小小的洞，也可以凿特殊形状的洞，然后我们把这块被凿洞的不透明塑料板放在需要被蒙版的图像上，与图像重叠，这时候我们只能透过"洞"看到图像，图像也只能在这个"洞"的范围内显示。这时候的蒙版紧贴在图像上，使图像感觉就像被剪切了一样，因而我们叫这种蒙版为剪贴蒙版。

所以，我们可以通过剪贴蒙版在不剪切图像的基础上，对蒙版进行操作，使图像产生裁剪效果。

1. 使用剪贴蒙版

（1）执行【文件】→【打开】命令，打开选择好的背景图片，如图6-33所示。

（2）使用文字工具 **T** 输入"桂林岩洞"，并设置文字的大小为150点，如图6-34所示。

图6-33 桂林岩洞

图6-34 输入文字效果

（3）在文字图层上右击，在弹出菜单中选择【栅格化文字】命令，将文字图层转化为普通图层，如图6-35所示。

（4）双击背景图层，弹出新建图层对话框，单击【确定】按钮，将背景层转换成普通图层，如图6-36所示。

图6-35 栅格化图层

图6-36 转换背景图层

（5）鼠标拖动背景图层，将其置于图层1上方，如图6-37所示。

（6）按住Alt键，鼠标置于图层0和图层1之间，出现 。

（7）按住Alt键，出现 时鼠标单击，得到最终剪贴蒙版效果，如图6-38所示。

图6-37　转换背景图层

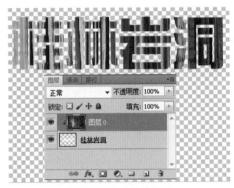

图6-38　剪贴蒙版结果

2．停用剪贴蒙版

（1）接着上面的步骤，按住Alt键，将鼠标置于图层0和图层1之间，出现 。

（2）按住Alt键，出现 时鼠标单击，取消剪贴蒙版效果，如图6-39所示。

图6-39　取消图层蒙版

6.2　任务一：利用图层蒙版为艺术照添加背景

任务目的：通过这个为艺术照添加背景的实例掌握图层蒙版的使用方法。

教学案例

1．案例背景

在艺术摄影中经常会使用软件为人物更换或填充背景，本实例就制作一花丛中的写真照片。

2．案例效果

原图如图6-40所示，完成后的效果如图6-41所示。

图6-40 原图

图6-41 完成效果

（1）打开文件一张不带背景的PSD格式的人体图片及一张花丛背景图片。

（2）将"美女"用选择工具 ▶ 拖入风景中。可以看到女性的边缘很清楚，如图6-42所示，这时候使用图层蒙版就是一个很好的选择。

（3）先单击选定要增加图层蒙版的图层，然后单击【图层】面板下方的【添加蒙版】 ◯ ，如图6-43所示，就会在所选图层里增加一个图层蒙版，并且图层状态会自动转换成蒙版模式，如图6-44所示。

图6-42 人体拖入图层

（4）现在可以编辑图层面板，而且不会影响到原本的图像，如图6-45所示，注意一定要链接后面的蒙版进行操作，不能在原图像上进行操作。以后如果又要修改这个图层蒙版，只要单击选定图层蒙版字段即可。

图6-43 添加图层蒙版

图6-44 添加图层蒙版

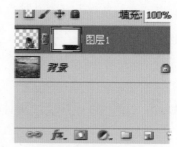

图6-45 修改图层蒙版

（5）使用喷枪或其他工具来修改图层蒙版，如图6-46所示。跟通道的概念一样，白色是要显示的区域。也就是"白色是我们想要的，黑色是我们不想要的，灰是是我们似要非要的"，如图6-47所示，所以当不小心涂过了的时候，只要用白色进行涂抹就可以还原，原图像不会有任何损坏，这就是图层蒙版的魔力。

图6-46　修改蒙版

图6-47　图层蒙版效果

正确地运用黑与白就可以让图像合成更加随心所欲，并且可以做出有层次的合成作品。如图6-48所示。

（6）图层蒙版其实是增加一个蒙版在图层里，通过这个蒙版来遮掩图层的图像，完全不会影响到图像本身，从图6-49中可以清楚地了解图层与蒙版的关系，蒙版只是附属的功能，却非常好用。

图6-48　最终效果

图6-49　通道面板

其实图层蒙版也是一种通道，在单击选定图层蒙版时，在【通道】面板下方会出现名为Mask的通道，如图6-50所示，这是方便编辑蒙版用的。因此，笔者一直强调了解通道的重要性，黑白灰的运用在Photoshop中非常重要。

图6-50　图层分解

6.3　通道的概念和通道面板

6.3.1　通道的概念

在Photoshop的领域中，最重要的功能是选择区域，正确地运用选择区域，才能够做出精准的合成，不会做选区的话，则无法复制、无法贴图，什么都不能做！而选择区域在保存后，可以通过黑与白的形式保存成通道（Alpha Channel），换言之，选择区域等于通道，通道才是Photoshop中最重要的功能。

为了记录选区范围，可以通过黑与白的形式将其保存为单独的图像，进而制作各种效果。将这种独立并依附于原图的、用以保存选择区域的黑白图像称为"通道"（channel）。

在暗房合成的时代，图像合成工作者必须关在暗房里，在放大机的下面做遮板，在曝光时遮住不要曝光的部分，反复几次相同的动作，运用不同的遮板完成高难度的合成。

Photoshop其实就是"数字化"的暗房，"通道"就是遮板，黑色的部分就是遮住的部分，白色的部分可以执行曝光，完全跟以前的暗房合成一模一样，所以在通道的概念中，白色是要的部分，黑色是不要的部分，中间灰色就是似要非要的部分，也就是说蒙版只能存在黑白灰三种颜色：白色为透光，起到显示原图层颜色的作用；黑色为遮光，起到遮盖原图层颜色的作用；灰色为半透明，起到与背景和原图层颜色同时显示的作用。因此，通道也与遮板一样，没有其独立的意义，而只有在依附于其他图像（或模型）存在时，才能体现其功用。而通道与遮板的最大区别，也是通道最大的优越之处，在于通道可以完全由计算机来进行处理，也就是说，它是完全数字化的。

对通道的理解，我将其总结为一句话：白色是我们想要的，黑色是我们不想要的，灰色是我们似要非要的。

6.3.2　通道面板组成

执行【窗口】→【通道】菜单命令，可以打开【通道】面板，如图6-51所示。通过该面板，可以完成所有的通道操作，如建立新通道、删除、复制、合并以及拆分通道等。

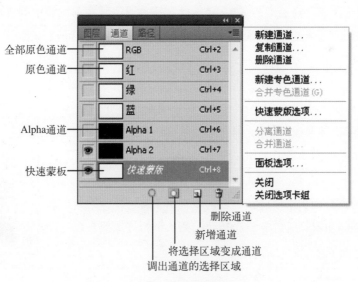

图6-51　【通道】面板

（1）通道名称：每一个通道都有一个专用的名称以便区分。在新建Alpha通道时，若不为新通道命名，则Photoshop CS5会自动依序定名为Alpha1、Alpha2，依此类推。如果新建专色通道，则Photoshop CS5会自动依序定名为专色1、专色2，依此类推。值得注意的是，在任何图像颜色模式下（如RGB和CMYK等），【路径】面板中的各原色通道（如红、绿、蓝）

和主通道（如RGB）均不能更改其名称。

（2）通道缩览图：在通道名称的左侧有一个缩览图，其中显示该通道的内容，从中可以迅速辨识每一个通道。在任意图像通道中进行编辑修改后，该缩览图的内容均会随着改变。若对图层中的内容进行编辑和修改，则各原色通道的缩览图也会随着改变。

（3）眼睛图标 ●：用于显示或隐藏当前通道，切换时只需单击该图标即可。要注意，由于主通道的各原色通道的关系特殊，因此当单击隐藏某原色通道时，RGB主通道会自动隐藏；若显示RGB通道，则各原色通道又会同时显示。

（4）通道组合键：通道名称右侧的Ctrl+~、Ctrl+1等字样为通道快捷键。按下这些组合键可快速、准确地选中所指定的通道。

（5）作用通道：也可以说是活动通道，选中某一通道后，则以蓝色显示这一通道。若要将某一通道设为作用通道，只需单击该通道名称即可，也可以使用通道组合键。

小技巧：可以有选择地选中某一通道或多条通道，只要按Shift键，同时单击通道名称即可。注意在编辑图像时，所有编辑操作将对当前选中的所有作用通道起作用（包括选中的Alpha通道）。

（6）【将通道作为取范围载入】 ○：单击此按钮可将当前作用通道中的内容转换为选取范围，或者将某一通道拖动至该按钮上来载入选取范围。

小技巧：若按Ctrl键并单击通道，可以载入当前通道的选取范围；如果按快捷键Ctrl+Shift，再单击通道，则可以将当前通道的选取范围增加到原有的选取范围当中。

（7）【将选区保存为通道】 □：单击此按钮，可以将当前图像中的选取范围转换成一个蒙版，保存到一个新增的Alpha通道中。该功能与【选择/存储选取】菜单命令的功能相同，只不过更加快捷而已。

（8）【创建新通道】 ◻：单击此按钮，可以快速建立一个新通道，在Photoshop CS5中最多允许有57个通道（其中包括各原色通道和主通道）。

（9）【删除当前通道】 ⬚：单击此按钮，可以删除当前作用通道；或者用鼠标拖动通道到该按钮上也可以删除。但主通道不能删除。

（10）【通道】面板菜单：其中包含所有用于通道操作的命令，如新建、复制和删除通道等。选择面板菜单中的【选项】命令，弹出【通道面板选项】对话框，如图6-52所示。

图6-52　通道面板选项

6.4　了解通道的种类

通道作为图像的组成部分，是与图像的格式密不可分的，图像颜色、格式的不同决定了通道的数量和模式，在【通道】面板中可以直观地看到。通道的不同，自然给它们的命名就不同，下面就是它们的分类。

6.4.1　Alpha通道

Alpha通道是计算机图形学中的术语，指的是特别的通道。有时，它特指透明信息，但通常的意思是"非彩色"通道。Alpha通道是为保存选择区域而专门设计的通道，在生成一个图像文件时并不是必须产生Alpha通道。通常它是由人们在图像处理过程中人为生成，并从中读取选择区域信息的。因此在输出制版时，Alpha通道会因为与最终生成的图像无关而被删除。但也有时，比如在三维软件最终渲染输出的时候，会附带生成一个Alpha通道，用以在平面处理软件中作后期合成。

除了Photoshop的文件格式PSD外，GIF与TIFF格式的文件都可以保存Alpha通道。而GIF文件还可以用Alpha通道作图像的去背景处理。因此我们可以利用GIF文件的这一特性制作任意形状的图形。

6.4.2　颜色通道

一个图片被建立或者打开以后是自动会创建颜色通道的。当在Photoshop中编辑图像时，实际上就是在编辑颜色通道。这些通道把图像分解成一个或多个色彩成分，图像的模式决定了颜色通道的数量，RGB模式有R、G、B三个颜色通道，CMYK图像有C、M、Y、K四个颜色通道，灰度图只有一个颜色通道，它们包含了所有将被打印或显示的颜色。当我们查看单个通道的图像时，图像窗口中显示的是没有颜色的灰度图像，通过编辑灰度级的图像，可以更好地掌握各个通道原色的亮度变化。

6.4.3　复合通道

混合通道是由蒙版概念衍生而来，用于控制两张图像叠盖关系的一种简化应用。复合通道不包含任何信息，实际上它只是同时预览并编辑所有颜色通道的一个快捷方式。它通常被用来在单独编辑完一个或多个颜色通道后使【通道】面板返回到它的默认状态。对于不同模式的图像，其通道的数量是不一样的。在Photoshop中通道涉及三个模式：RGB、CMYK、Lab模式。RGB图像含有RGB、R、G、B通道；CMYK 图像含有CMYK、C、M、Y、K通道；Lab模式的图像则含有Lab、L、a、b通道。

6.4.4　专色通道

专色通道是一种特殊的颜色通道，它可以使用除了青色、洋红（有人叫品红）、黄色、黑色以外的颜色来绘制图像。在印刷中为了让自己的印刷作品与众不同，往往要做一些特殊处理。如增加荧光油墨或夜光油墨，套版印制无色系（如烫金）等，这些特殊颜色的油墨（我们称其为"专色"）都无法用三原色油墨混合而成，这时就要用到专色通道与专色印刷了。

在图像处理软件中，都存有完备的专色油墨列表。我们只须选择需要的专色油墨，就会生成与其相应的专色通道。但在处理时，专色通道与原色通道恰好相反，用黑色代表选取

（即喷绘油墨），用白色代表不选取（不喷绘油墨）。由于大多数专色无法在显示器上呈现效果，所以其制作过程也带有相当大的经验成分。

6.4.5　矢量通道

为了减小数据量，人们将逐点描绘的数字图像再一次解析，运用复杂的计算方法将其上的点、线、面与颜色信息转化为简捷的数学公式，这种公式化的图形被称为【矢量图形】，而公式化的通道，则被称为【矢量通道】。矢量图形虽然能够成百上千倍地压缩图像信息量，但其计算方法过于复杂，转化效果也往往不尽人意。因此他只有在表现轮廓简洁、色块鲜明的几何图形时才有用武之地；而在处理真实效果（如照片）时则很少用。Photoshop 中的【路径】、3D中的几种预置贴图、Illustrator、Flash等矢量绘图软件中的蒙版，都是属于这一类型的通道。

6.5　通道的创建与编辑

在对通道进行操作时，可以对各原色通道进行亮度和对比度的调整，甚至可以单独为单一原色通道选择滤镜功能，这样可以合成许多特殊的效果。

若在【通道】面板中建立了Alpha通道，则可以在该通道中编辑出一个具有较多变化的蒙版，再由蒙版转换为选取范围应用到图像画面中。

6.5.1　通道的创建

在【通道】面板中选择【新建通道】命令，如图6-53所示。弹出【新建通道】对话框，如图6-54所示。

图6-53　选择【新建通道】命令

图6-54　【新建通道】对话框

（1）在【名称】文本框中设置新通道的文件名。若不输入，则Photoshop会自动依次命名为Alpha1、Alpha2，依此类推。

（2）【被蒙版区域】：新建的通道中有颜色的区域代表被遮盖的范围，而没有颜色的区域为选取范围。

（3）【所选区域】：新建的通道中没有颜色的区域代表被遮盖的范围，而有颜色的区域为选取范围。

（4）单击【颜色】框，弹出【选择通道颜色】对话框，可以从中选择用于显示蒙版的颜色。默认情况下该颜色为半透明的红色，在颜色框右边有一个【不透明度】文本框，用来设置蒙版颜色的不透明度。当一个新通道建立后，在【通道】面板中将增加一条新通道，并且该通道会自动设为作用通道。

按Alt键，单击【创建新通道】按钮 ⊡，也可以弹出【新建通道】对话框。

6.5.2　复制和删除通道

保存了一个选取范围后，对该选取范围进行编辑时，通常要先将该通道的内容复制后再编辑，以免编辑后不能还原。

复制通道的操作很简单，先选中要复制的通道，在【通道】面板菜单中选择【复制通道】命令，弹出【复制通道】对话框，如图6-55所示。

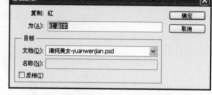

图6-55　【复制通道】对话框

在【复制通道】对话框中可以设置以下选项：

（1）在【为】文本框中设置复制后的通道名称。

（2）在【文档】下拉列表框中选择要复制的目标图像文件。若选择【新建】选项，则表示复制到一个新建的文件中，此时【名称】文本框会被变亮，在其中可输入新文件的名称。

（3）若选中【反相】复选框，就等于执行了【图像】→【调整】→【反相】菜单命令，复制后的通道颜色会以反相显示，即黑变白或白变黑。

提示：在【文档】下拉列表框中，只能显示与当前文件相同分辨率和尺寸的文件。此外，主通道的内容不能复制。

小技巧：拖动通道至【创建新通道】按钮 ⊡ 上，可以快速复制该通道。

为节省硬盘的存储空间，提高程序运行速度，用户可以将没有用的通道删除，其方法：将要删除的通道拖到【删除当前通道】按钮 🗑 上；或者在选择通道后，选择【通道】菜单中的【删除通道】命令。

提示1：如果在"通道"面板中删除其中一个原色通道，则图像的颜色模式马上就变为"多通道"颜色模式。因此删除图像的原色通道时，应慎重考虑。

提示2："多通道"颜色模式在每个通道中使用128位灰度，特别适合某些专业打印领域。

执行【图像】→【模式】→【多通道】菜单命令，即可将图像转换成多通道模式。不过在转换过程中注意以下两点：

（1）将CMYK图像转换成多通道时，将创建青色、洋红和黄色和黑色通道。

（2）将RGB图像转换成多通道时，将创建青色、洋红和黄色通道。

6.5.3　分离和合并通道

使用【通道】面板菜单中的【分离通道】命令可以将一幅图像中的各个通道分离出来，

成为一个单独的文件存在。若要选择该命令，图像必须是只含有一个背景图层的图像。如果当前图像含有多个图层，则需先合并图层，否则此命令不可使用。

打开"印度美女"文件，选择分离通道命令后，每一个通道都会从原图像中分离出来，同时关闭原图像文件，分离后的图像都将以单独的窗口显示在工作区中，这些图像都是灰度图，不含有任何彩色，并在其标题栏上显示其文件名。文件名是以Photoshop_再加上当前通道的英文缩写，如图6-56所示。

图6-56　RGB图像分离后的3个通道

分离后的通道经过编辑和修改后，可以重新合并成一幅图像。选择【通道】→【合并通道】命令，弹出【合并通道】对话框，如图6-57所示。在【模式】下拉列表框中指定合并后图像的颜色模式，在【通道】文本框中输入合并通道的数目，如RGB图像设置为3，CMYK图像设置为4，因此，该数字需要与当前选定的颜色模式相符合。完成上述设置后，单击【确定】按钮，弹出【合并RGB通道】对话框，如图6-58所示。在该对话框中可以分别为红、绿、蓝三原色通道选定各自的源文件。注意三者之间不能有相同的选择，并且如果三原色选定的源文件不同，会直接关系到合并后图像的效果。最后单击【确定】按钮，就可以将通道合二为一。

图6-57　【合并通道】对话框

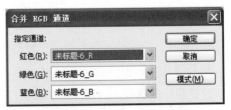

图6-58　【合并RGB通道】对话框

6.6　任务一：利用通道制作特殊选区

任务目的：通过这个实例学会用通道做选区的方法为美女图添加边框。

教学案例

1．案例背景

在Photoshop中，首先最重要的是制作出正确的选择区域，因为选择区域是合成的最基本步骤，选择区域可以保存为通道，保存的选择区域或制作区域的通道就是Alpha通道。只要了解选择区域等于通道这个概念，并且妥善运用，就可以利用通道去制作出想要的选择区域，就可以更自由自在地制作选择区域。（选择的范围在通道里面显示为白色，没有选择到的地方是黑色，也就是运用Alpha通道最重要的概念"白色是我们要的地方，黑色是不要的地方，灰色是我们似要非要的地方"）。通过用通道做选区的方法就可以为照片来添加边框。

2．案例效果

原图如图6-59所示，完成后的效果如图6-60所示。

图6-59　原图

图6-60　添加相框后效果

3．案例操作步骤

（1）打开一张人物照片文件，新建通道Alpha1，如图6-61所示。

（2）在通道Alpha1中用矩形选择工具制作选择区域。

（3）执行描边操作（如图6-62所示，描边宽度按自己需求），效果如图6-63所示。

图6-61　新建Alpha1通道

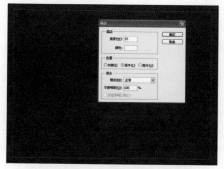

图6-62　描边面板

图6-63　描边效果

（4）按Ctrl+D组合键取消选区，执行【滤镜】→【画笔描边】→【喷溅】命令，得到所要的边框效果，如图6-64所示。

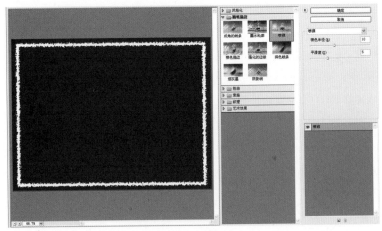

图6-64　喷溅效果

（5）既然选择区域在通道中显示为白色，那表示在Alpha通道里面所画的白色，就是我们想要的区域。按Ctrl并单击Alpha1通道可以得到边框选区，如图6-65所示（选择区域可以保存成Alpha通道，执行【选择】→【存储选区】命令保存选择区域，如图6-66所示，就可以将选择区域以黑与白的形式保存在Alpha通道里，如图6-67所示）。

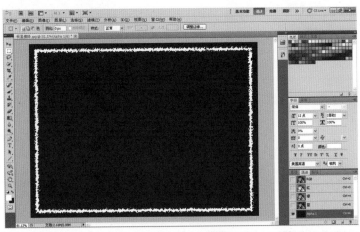

图6-65　Alpha1选区

图6-66　存储选区

图6-67　保存为通道

（6）单击RGB通道，回到正常图像模式，如图6-68所示。

（7）根据自己需要选择合适的颜色，填充选区，如图6-69所示，得到最终边框结果。

图6-68　正常图像模式

图6-69　最终效果

6.7　任务二：利用通道抠图为照片更换背景

任务目的：通过为照片更换背景的实例，学会通道抠图的方法。

教学案例

1．案例背景

通道抠图是Photoshop常用的抠图方法。下面先讲一下通道抠图的原理，在通道中，只存在一种颜色（红、绿、蓝）的不同亮度，是一种灰度图像。在通道里，越亮说明此颜色的数值越高，正是有这一特点，所以，我们可以利用通道亮度的反差进行抠图，因为它是选择区域的映射。在通道里，白色代表有，黑色代表无，它是由黑、白、灰三种亮度来显示的，也可以这样说，如果我们想将图中某部分抠下来，即做选区，就在通道里将这一部分调整成白色。

2．案例效果

原图如图6-70所示，完成后的效果如图6-71所示。

图6-70　原图

图6-71　完成效果

3．案例操作步骤

打开一张美女图片文件，如图6-70所示，要选择背景色和前景色的差距比较大的图片，这样的图片可以利用通道的方法抠取人像。在选择图片时可以打开【通道】面板，然后在【通道】面板上对各通道进行观查，看哪一张的背景色和前景色色相相差更大。用通道进行抠图做选区，主要是通过图像背景色和前景色的色相差别的明度差别来做。而此图中，绿色和蓝色通道都可以，而蓝色的反差更大一些，所以选择蓝色通道为目标。

为了不破坏原图，将蓝色通道进行复制，如图6-72所示。

将图放到最大，以便容易操作，为了将图中所要的人物和背景颜色亮度有更明显的区别，我们用曲线的方法来调整图片的亮度对比，调整过的效果如图6-73所示。

图6-72 复制蓝色通道

图6-73 曲线调整

在通道里白色是"有"，为了得到比较难抠的头发，按住Ctrl+I组合键反向图像，如图6-74所示。

（6）继续用曲线调整命令调整，将头发周围的背景调成黑色，如图6-75所示。

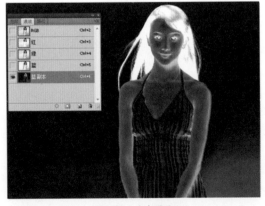

图6-74 反向图像

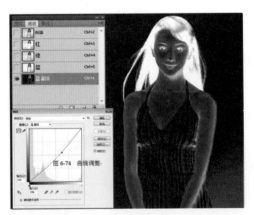

图6-75 曲线调整

美女难抠的头发差不多都是白色的了，其余想要的部分我们也用白色画笔工具将其描绘出来，背景涂成黑色，如图6-76所示。

（8）使用【色阶】命令微调，尽量使头发周围背景为黑色，如图6-77所示。

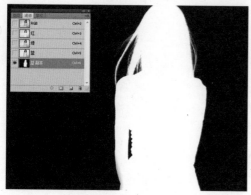

图6-76 画笔描绘通道

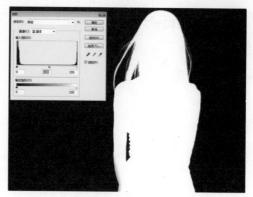

图6-77 色阶调整

在蓝色通道副本面板上按住Ctrl并单击，回到【图层】面板，得到美女选区，如图6-78所示。

（10）按Ctrl+J组合键，拷贝选区到新图层，如图6-79所示。

图6-78 获得人物选区

图6-79 拷贝选区到新图层

（11）打开"底纹"图片，将其拷贝到刚才文件背景层上方，得到换背景效果，如图6-71所示。

重 难 点 知 识 回 顾

本章介绍了通道和蒙版这两个工具的原理、基本功能和操作。通道和蒙版是密切相关的，在编辑蒙版的同时就要使用通道的功能。因此在掌握蒙版功能的同时就已经学会了通道的使用。

本章是Photoshop CS5的重点与难点章节，还是那句话，记住与理解"白色是我们想要的，黑色是我们不想要的，灰色是我们似要非要的"这句话，这个重点与难点就不攻自破。

6.8　课后习题

一、填空题

1．按住＿＿＿＿＿＿组合键单击通道，可以将当前通道的选取范围增加到原有的选取范围当中。

2．单击＿＿＿＿＿命令，可将图像转换成多通道模式。

3．单击＿＿＿＿＿命令可以将同一图像或不同图像中的两个独立通道进行合成。

4．可以有选择地选中多条通道，只要按住＿＿＿＿＿键，同时单击通道名称即可。

二、选择题

1．下面是对通道功能的描述，其中错误的是（　　　）。

A．通道最主要的功能是保存图像的颜色数据

B．通道除了能够保存颜色数据外，还可用来保存蒙版

C．在【通道】面板中可以建立Alpha和专色通道

D．要将选取范围永久地保存在【通道】面板中，可以使用快速蒙版功能。

2．要建立一个专色通道，可能通过（　　　）完成。

A．单击【通道】面板底部的【创建新通道】命令按钮

B．选择【通道】面板菜单中的【新建通道】命令

C．按下Ctrl键单击【通道】面板中的【创建新通道】按钮

D．按下Alt键单击【通道】面板中的【创建新通道】按钮

3．要将通道中的图像内容转换为选取范围，可以（　　　）。

A．按下Ctrl键后单击通道缩览图　　　B．按下Shift键后单击通道缩览图

C．按下Alt键后单击通道缩览图　　　D．以上都不正确

4．下面是有关删除通道的操作描述，错误的是（　　　）。

A．单击【删除当前通道】按钮，可以删除当前作用通道

B．用鼠标拖动通道到【删除当前通道】按钮上，也可以删除通道

C．主通道（如RGB、CMYK）不能删除

D．删除RGB或CMYK图像中的某一原色通道后，图像模式将变为灰度模式

三、简答题

1．通道的功能是什么？

2．蒙版的作用是什么？有哪几种产生蒙版的方法？

3．快速蒙版的作用是什么？

7
路径和文字

学 习 目 标

　　路径工具和文字工具是Photoshop中的重要工具，通过本章学习，掌握利用路径工具完成图像的精确选取及利用路径工具完成一些个性图案的绘制；掌握文字编排的字体、字号、字间距、行间距等属性设置，了解文字面板、蒙版文字、段落文字、变形文字和路径文字等。

7.1　位图与矢量图

　　图像文件可以分为两类：位图图像和矢量图形，它们在计算机中的生成原理是完全不相同的，在不同的应用场合，具有各自的优缺点，在绘图或图像处理的过程中，这两种类型的图像可以相互交叉使用。

7.1.1　位图

　　位图图像也称为点阵图像，它是通过若干像素按照一定的顺序排列而成的，每个像素点都有特定的位置和颜色值。位图的显示效果与像素点是紧密联系在一起的，像素点越多，图像的分辨率越高，图像的文件大小也会随之增大。位图图像可以很好地表现图像的细节，可以用于显示照片、艺术绘画等。位图图像的缩放性能不好，使用放大工具后，可以清晰地看到像素的小方块形状与不同的颜色，效果如图7-1所示。

原图效果　　　　　　　　　　　　　　　　　　　放大效果

图7-1　位图原图与放大效果对比

7.1.2　矢量图

　　矢量图也称为向量图，它是通过轮廓线来定义图像的形状，是一种基于图形的几何特性来描述的图像，矢量图的基本组成单位是锚点和路径。

　　矢量图与分辨率无关，可以将其缩放到任意大小，其清晰度不变，也不会出现锯齿状边缘。但矢量图不适合创建连续的色调、照片或艺术绘画，矢量图文件容量小，便于保存和传播。

7.2　路径的创建与调整

在Photoshop中，绘制路径的方法有很多种，用户可以选择适合自己的方法进行绘制，下面介绍一些绘制路径的方法。

7.2.1　使用钢笔工具创建路径

路径是由锚点、线段组成的，如图7-2所示。它本身是一种特殊的参考线，如果不进行处理，路径将不具备任何意义（即不会在保存的图片中显示出来）。线段的弯曲程度由方向线来进行控制，可以通过移动锚点、方向线及线段本身来调整路径的形状。

钢笔工具绘制出来的可以是直线、曲线，还可以是封闭的或不封闭的路径线。单击并按住工具箱中的"钢笔工具"按钮 🖋️，系统会弹出钢笔工具组中的所有工具，如图7-3所示。

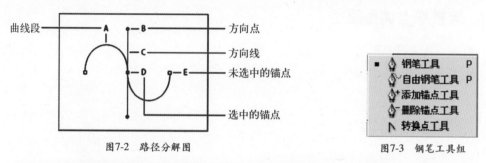

图7-2　路径分解图　　　　　　　　图7-3　钢笔工具组

钢笔工具 ·🖋️钢笔工具　P ：用来绘制连接多个锚点的线段或曲线路径。

单击此按钮，将鼠标移到画布窗口中，此时鼠标指针变成 ♦ₓ 形状，表示单击后产生的是起始锚点，单击创建起始锚点后，鼠标指针变成 ♦ 形状，表示再单击则产生一条直线路径，按住鼠标不松开进行拖拽，则产生曲线路径，并产生沿曲线路径切线方向的控制线和控制点，拖拽控制点可以调整曲线的形状；绘制一段路径后，将鼠标移到路径的起点处，此时鼠标变成 ♦。形状，即可绘制一个封闭路径。

如果要绘制直线为45°或其整数倍方向的斜线，按住Shift键的同时单击即可。

7.2.2　了解自由钢笔工具

自由钢笔工具 🖋️自由钢笔工具　P ：用于绘制任意形状的曲线路径，单击按下该按钮后，鼠标移到画布窗口后变成 ♦ 形状，拖拽鼠标，即可绘制任意形状的路径。

7.2.3　添加和删除锚点

添加描点工具·🖋️添加锚点工具 ：将光标放在路径上，当光标变成 ♦₊ 时，单击即可添加一个角点，如果单击并拖动鼠标，则可以添加一个平滑点，如图7-4所示。

删除锚点工具 🖋️删除锚点工具 ：将光标放在锚点上，当光标变成 ♦₋ 时，单击即可删除该锚点，如图7-5所示。

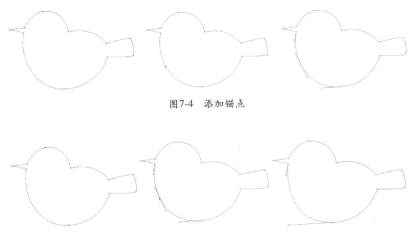

图7-4　添加锚点

图7-5　删除锚点

7.2.4　转换锚点调整路径

转换点工具 ⟨转换点工具⟩：将光标放在锚点上，如果当前锚点为角点，单击并拖动鼠标可将其转换为平滑点；如果当前锚点为平滑点，则单击可将其转换成角点。

7.3　路径的编辑

绘制出的路径有时需要对其进行选择、复制、粘贴、删除等操作。

7.3.1　路径选择

在编辑路径之前要选中路径。选择路径可以使用工具箱中的【路径选择工具】和【直接选择工具】来完成。单击并按住工具箱中【选择路径工具】按钮 ▶，弹出选择工具组的所有工具，如图7-6所示。

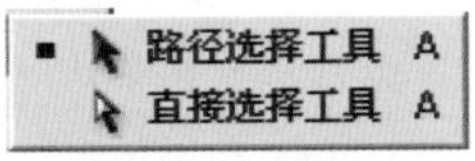

路径选择工具 ▶ 路径选择工具 A 与直接选择工具 ▷ 直接选择工具 A

| ■ | ▶ 路径选择工具 | A |
| | ▷ 直接选择工具 | A |

图7-6　选择工具组

选中路径的效果不同。使用【路径选择工具】选择路径后，被选中的路径以实心点的方式显示各个锚点，如图7-7所示，而使用【直接选择工具】选择路径后，被选中的路径以空心点的方式显示各个锚点，如图7-8所示，单击选中锚点，拖拽鼠标，即可改变锚点在路径上的位置和形状。

图7-7　路径选择效果

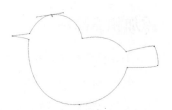

图7-8　直接选择效果

7.3.2　复制和删除路径

路径可以看做是一个图层中的图像，可以对它进行复制、粘贴、删除等操作。

复制路径主要有以下3种方法：

（1）直接复制路径：选中路径后，选择菜单【编辑】→【拷贝】→【粘贴】命令即可，或按Ctrl+C键，再按Ctrl+V键也可以完成路径复制。

（2）在移动时复制路径：在【路径】面板中选择路径名，并使用【路径选择工具】选择路径，然后按住Alt键并拖移所选路径即可，如图7-9所示。

（3）通过路径面板进行复制：先选中要复制的路径，在【路径】面板菜单中选择【复制路径】命令，弹出【复制路径】对话框，如图7-10所示，在**名称(N)**:中输入路径名称，单击 确定 按钮即可。

图7-9　复制路径

图7-10　【复制路径】对话框

提示：如果要对工作路径中的内容进行复制，则要将工作路径保存为普通路径，然后才能复制。

删除路径：可将路径拖至【删除当前路径】按钮 🗑 上，也可先选中路径，然后在【路径】面板菜单中选择【删除路径】命令来完成。

7.3.3　存储路径

在【路径】面板菜单中选择命令，弹出如图7-11所示的【存储路径】对话框，在【名称】文本框中输入路径的名称，单击 确定 按钮即可保存路径。

7.3.4　描边路径

图7-11　【存储路径】对话框

描边路径是指用画笔工具、铅笔等沿着路径的轮廓绘制。

对路径描边的操作步骤如下：

（1）在【路径】面板中选择要描边的路径。

（2）使用【路径选择工具】在图像窗口中选中要描边的路径组件（如不选择，则会对路径中的所有组件描边）。

（3）按住Alt键的同时单击【路径】面板底部的【用画笔描边路径】按钮 ◯，弹出【描边子路径】对话框，如图7-12所示，在 🖊画笔 下拉列表中选择一种工具进行描边，单击 确定 按钮，即可使用画笔工具对路径进行描边。

图7-12　【描边子路径】对话框

7.4 任务一：利用钢笔工具抠取鸟巢图像

任务目的：掌握利用钢笔工具抠取图像的方法。

7.4.1 教学案例

1．案例背景

实际工作中往往只需要图片中某一部分图像而不是整个图片，如何精确选取这部分图像，此时就需要利用钢笔工具把这部分图像选取。

2．案例效果

原图如图7-13所示，效果图如图7-14所示。

图7-13 原图

图7-14 效果图

3．实例操作步骤

（1）打开"鸟巢.jpg"文件。

（2）在工具箱中单击钢笔工具 ▪ ⏷钢笔工具 P 按钮，首先选取绘图方式为【路径】▨，在图像中沿鸟巢边缘绘制一个大概的轮廓，如图7-15所示。

（3）把图像放大，单击 ▯⏷直接选择工具 A 按钮，选择此路径的某一锚点和线段进行移动和调整，按Alt键拖动锚点可把线段转换成曲线以符合鸟巢的轮廓，当需要增加锚点时，单击 ⏷添加锚点工具 按钮，在路径上单击即可增加锚点；单击 ⏷删除锚点工具 按钮，在锚点上单击即可减少锚点，重复使用上述方法，使路径逐步符合鸟巢的轮廓，如图7-16所示。

图7-15 选中图像轮廓

图7-16 调整对象轮廓

（4）单击【路径】面板中的【将路径转为选区】按钮 ⃝，如图7-17所示。

（5）在【图层】面板上，将背景图层改为普通图层，如图7-18所示，按下Delete键将所选部分删除即可，效果如图7-19所示，保存此文件为"鸟巢.psd"。

图7-17 将路径转为选区

图7-18 【图层】面板

（6）抠出的鸟巢图案可以应用到任何一幅需要的图片中。如打开另外一幅风景图片，将"鸟巢.psd"置入到该图片中，效果如图7-20所示。

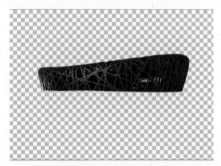

图7-19 抠出的图像

图7-20 置入后效果

7.4.2 知识扩展

在很多情况下，图形很复杂，形状不一时，用选区工具很难进行精确的选取，就可以利用钢笔工具，选择绘图方式为路径绘图方式，进行精确的路径绘制，并用【添加/删除锚点工具】、【转换点工具】等对原路径进行不断的修改直到满意为止，然后转化为选区，想抠取的图像就在选区之内了。

7.4.3 案例操作

运用以上实例操作的方法，选取图片进行抠图练习，如图7-21所示的"青椒"。

图7-21 青椒

7.5 任务二：利用路径绘制个性图案

任务目的：使用路径绘制一些形式丰富且具有个性的图案。

7.5.1 教学案例

1. 案例背景

平面设计中往往需要一些富有个性的图案和标志，以增强整个画面的效果，此时可以利用路径工具来绘制这些个性图案。

2. 案例效果

案例效果如图7-22所示。

3. 案例操作步骤

（1）新建文件"任务二.psd"，在工具箱中选择【椭圆工具】，在选项栏中单击【路径】按钮，然后在图像中绘制一个正圆形路径，如图7-23所示。

（2）在工具箱中选择【直接选择工具】，单击路径，以显示出锚点，按Ctrl+R组合键，显示出标尺，拖出一条垂直参考线到合适位置，然后选择钢笔工具，在圆形路径上对称的两点处添加锚点，如图7-24所示。

图7-22　效果图

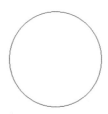

图7-23　绘制圆形路径

图7-24　添加锚点

（3）隐藏标尺和参考线，选中左侧的锚点，并向右移动到合适的位置，如图7-25所示。

（4）选中左上角的锚点，按住Alt键拖动锚点上的方向线，将该锚点转换为角点，用同样的方法将左下角的锚点转换为角点，然后分别进行调整，制作出月牙形状，如图7-26所示。

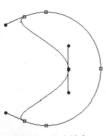

图7-25　移动锚点

图7-26　角点调整

（5）使用【直接选择工具】对路径进行细微调整，完成月牙图形的制作，效果图如图7-27所示。

（6）使用【路径选择工具】选中该路径，然后按Ctrl+T组合键，调出自由变换控制框，将路径逆时针旋转一定角度，如图7-28所示。按Enter键确认。

图7-27 月牙形状

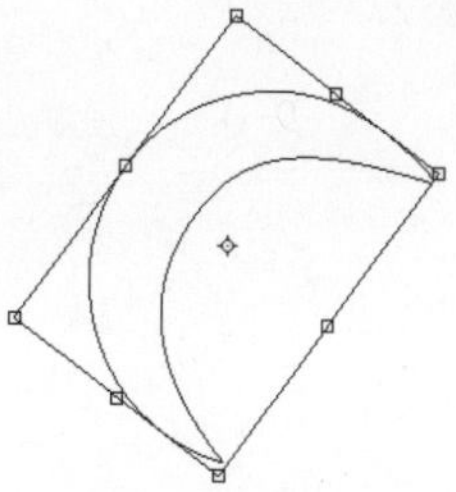

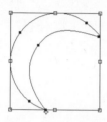

图7-28 旋转路径

（7）按住Alt键同时拖拽该路径，复制该路径，然后按Ctrl+T组合键，调出自由变换控制框，将变换中心移动到如图7-29所示位置，再右击，在弹出的快捷菜单中选择【旋转90度（顺时针）】选项，将所选路径顺时针旋转90度，如图7-30所示。按Enter键确认。

图7-29 定位变换中心

图7-30 旋转路径

（8）用同样的方法，复制路径并进行旋转，制作出如图7-31所示的图形。

（9）按Alt键同时拖拽右上角的月牙形状，再次复制该路径，按Ctrl+T组合键调出自由变换控制框，将其旋转180度，如图7-32所示。

（10）用相同的方法，制作出其他路径，效果如图7-33所示。

图7-31 复制并旋转后的图形

图7-32 旋转并移动路径

图7-33 绘制出的路径

（11）使用【路径选择工具】选中内部的四条路径，然后单击工具选项栏中的【添加到形状区域】按钮 ，选中四条路径，然后单击工具选项栏中的【重叠形状区域外】按钮 。

（12）使用【路径选择工具】框中所有路径，然后单击选项栏中的 组合 按钮，将这些路径组合成一个整体。

（13）按Ctrl+Enter组合键，将路径转换为选区，如图7-34所示，将其填充颜色，隐藏路径即可得到如图7-35所示的效果。

图7-34 转换为选区

图7-35 填充路径

7.5.2 知识扩展

在Photoshop中除绘制出一些基本形状外，还可以利用【钢笔工具】和【自由钢笔工具】绘制形状，绘制出来的可以是直线、曲线、封闭的或不封闭的路径线，还可以利用Alt或Ctrl键把钢笔工具切换到转换点工具、选择工具以及自动添加或删除工具，这样在绘制路径的同时便于编辑和修改路径。

7.5.3 案例操作

利用钢笔工具完成如图7-36所示图案的设计。

图7-36 几何图标插图

7.6 任务三：利用路径工具绘矢量插画

任务目的：通过本案例掌握路径工具绘制矢量插画的方法。

7.6.1 教学案例

1．案例背景

随着电脑图形的制作和处理功能的不断强大，以Photoshop等为代表的绘图软件加速了网络插画艺术的发展。在网络插画艺术中，时尚类的矢量插画是深受人们喜爱的一种插画形式。它以明快鲜亮的色彩、简约时尚的风格、优雅妩媚的人物形象、轻松简练的笔触、流畅优美的线条、平面化的造型等艺术创作语言，给人以强烈的视觉冲击，使画面具有很强的装饰趣味。

2．案例效果

完成后的效果如图7-37所示。

3．案例操作步骤

（1）执行【文件】→【新建】命令，新建21厘米*30厘米，分辨率为300像素的文档。新建图层，使用【钢笔工具】 绘制插画人物的头发路径，（在接下来的步骤中每绘制一部分都要新建一个图层，以便于修改，为了便于识别可以重新命名图层的名字如：头发）如图7-38所示。设置前景色为黑色，在【路径】面板中将路径转换为选区如图7-39所示，然后填充黑色如图7-40所示。

图7-37　插画完成效果图

图7-38　头发路径

图7-39　【路径】面板

图7-40　填充黑色

（2）使用【钢笔工具】 绘制插画人物身体的路径，如图7-41所示。设置前景色为R：226、G：197、B：179的皮肤色如图7-42所示，在【路径】面板中将路径转换为选区后（在下面的步骤中就不再提示此步）填充颜色如图7-43所示。

图7-41　身体路径

图7-42　皮肤颜色

图7-43　填充皮肤颜色

（3）使用【钢笔工具】 绘制头帘如图7-44所示，填充黑色。接下来新建图层使用【钢笔工具】 绘制鬓角头发如图7-45所示，并填充颜色（R：37、G：37、B：39），如图7-46所示。

图7-44　头帘

图7-45　鬓角头发

图7-46　鬓角头发颜色

（4）绘制其他3处头发，填充如上所示颜色如图7-47所示，绘制发带如图7-48所示。

图7-47　其他3处头发

图7-48　发带

（5）使用【钢笔工具】 绘制胳膊暗部如图7-49所示，执行【图像】→【调整】→【曲线】命令，【输入】数值为160，如图7-50所示，调整完效果如图7-51所示。

图7-49　胳膊暗部路径

图7-50　曲线调整

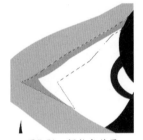

图7-51　调整完效果

（6）用相同的方法处理身体其他部位暗部，效果如图7-52所示。

图7-52　身体其他部位暗部

（7）使用【钢笔工具】 绘制吊带背心如图7-53所示，并填充颜色R：218、G：240、B：197，如图7-54所示。使用给皮肤加阴影的方法给背心加上阴影如图7-55所示。

图7-53　背心路径

图7-54　背心填色

图7-55　背心加暗部

（8）接下来绘制短裤，填充颜色R：127、G：196、B：17，如图7-56所示。同上方法加深短裤阴影，如图7-57所示。绘制腰带颜色R：239、G：55、B：107，如图7-58所示。

图7-56　绘制短裤

图7-57　加深阴影

图7-58　绘制腰带

（9）绘制裤鼻及前开门扎线，如图7-59、图7-60所示。

图7-59　裤鼻效果

图7-60　前开门扎线

（10）绘制眉毛颜色R：70、G：3、B：6，如图7-61所示。眼睛路径如图7-62所示，填充黑色，复制并执行【编辑】→【变换】→【水平翻转】命令完成两只眼睛的绘制，如图7-63所示。

图7-61　绘制眉毛

图7-62　绘制眼睛

图7-63　眼睛完成效果

（11）绘制嘴颜色R：254、G：142、B：122，如图7-64所示。在嘴上画一小的正方形选区，执行【选择】→【修改】→【羽化】命令，羽化半径为2，如图7-65所示，填充白色，如图7-66所示。复制一个并缩小，在嘴中间画路径填充（R：251、G:230、B: 227）的淡粉色，最终效果如图7-67所示。

图7-64 绘制嘴

图7-65 羽化半径设置

图7-66 羽化后填白色

图7-67 最完成效果

（12）绘制鼻子高光处路径，执行【图像】→【调整】→【曲线】命令，调整效果如图7-68所示，用相同的方法完成脸侧面高光如图7-69所示。

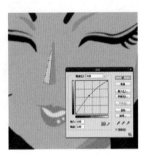

图7-68 鼻子高光

图7-69 脸侧面高光

（13）选择【椭圆选框工具】 ◯ 在脸上画椭圆选区，并执行【选择】→【修改】→【羽化】命令，羽化半径为5，如图7-70所示。填充颜色值为R：244、G:184、B:174，效果如图7-71所示。复制出另一个后加上高光点，方法同嘴的高光，如图7-72所示。

图7-70 羽化值

图7-71 填充颜色效果

图7-72 添加高光效果

（14）绘制耳环路径，并填充与腰带相同的粉色，与腰带相呼应如图7-73所示。选择【自定义形状】工具 中的靶心选项，如图7-74、图7-75所示，给插画绘制背景并填充绿色系的颜色，完成插画的绘制，效果如图7-76所示。

图7-73　绘制耳环

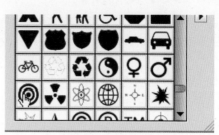

图7-74　自由形状靶心

图7-75　绘制背景

图7-76　完成效果

7.6.2　案例扩展

　　运用以上实例操作的方法，尝试完成下面这个插画设计，如图7-77所示。

图7-77　插画设计

7.7 文字的输入

文字直接传达广告设计的内容，文字的编辑对于广告设计的成败至关重要。

7.7.1 认识文字工具组

1．横排文字工具

单击工具箱内的文字按钮 T ，弹出如图7-78所示工

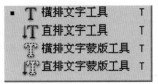

图7-78 文字工具组

具组。

单击工具箱中的 T 横排文字工具 T 按钮，再单击画布，即可在当前图层的上边创建一个新的文字图层。同时，画布内单击处会出现一个竖线光标，表示可以输入文字，输入文字时，按Ctrl键可以切换到移动状态，拖曳鼠标可以移动文字。另外，也可以使用剪贴板粘贴文字。在输入文字后，会在【图层】调板中自动创建一个文本图层。

2．竖排文字工具

单击 T 直排文字工具 T 按钮，它的使用方法与横排文字工具的使用方法基本一样，只是输入的文字是竖直排列的。

3．文字蒙版工具

单击工具箱内的 T 横排文字蒙版工具 T 按钮或 T 直排文字蒙版工具 T 按钮，再单击画布，即可在当前图层上加入一个红色的蒙版，同时画布内单击处会出现一个竖线或横线光标，表示可以输入文字。

7.7.2 输入水平和垂直文字

选择横排文字工具 T 横排文字工具 T ，在图像中单击或拖动，确定输入文字的位置，即可输入水平方向文字，如图7-79所示。

选择直排文字工具 T 直排文字工具 T ，在图像中单击或拖动，确定输入文字的位置，即可输入垂直方向的文字，如图7-80所示。

图7-79 横排文字

图7-80 直排文字

7.7.3 输入段落文字

选择横排文字工具 T 横排文字工具 T 或直排文字工具 T 直排文字工具 T ，在工具选项栏中设置字体、字号和颜色等属性，如图7-81所示。

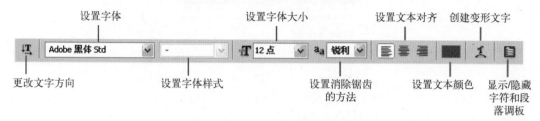

图7-81 文字工具选项栏

在画面中单击并拖出一个定界框，放开鼠标，画面中会出现闪烁的"I"形光标，此时可输入文字，当文字到达文本框边界时会自动换行，输入完成后，按Ctrl+Enter组合键，即可创建段落文本，如图7-82所示。

图7-82 段落文字效果图

7.7.4 创建文字型选区

利用横排文字蒙版工具 横排文字蒙版工具 T 和直排文字蒙版工具 直排文字蒙版工具 T 能创建文字型选区。选择其中的一个工具，在画面中单击，然后输入文字即可创建文字选区，也可以使用创建段落文字的方法，单击并拖出一个矩形定界框，在定界框内输入文字创建文字选区，文字选区可以像任何其他选区一样移动、复制、填充或描边等。

7.8 文字格式和段落格式

在文字的编辑设计中，主要包括文字字体、字号、间距、文字颜色及段落文字的编排等，使其和图形很好地融合，从而突出主题，又能使画面富于视觉观赏性。

7.8.1 认识字符面板

在编辑文字的过程中，单击文字工具选项栏中【显示/隐藏字符和段落调板】按钮，或单击【窗口】→【字符】命令，即可打开【字符】面板，其各选项的功能如图7-83所示。

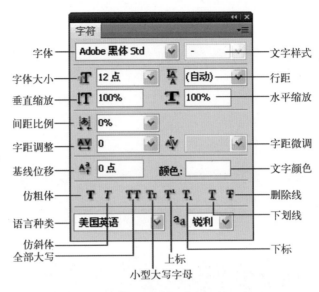

图7-83 【字符】面板

7.8.2 设置文字格式

在输入文字后或输入文字前，对文字的格式进行设置，利用文字工具选项栏对文字格式进行设置。

利用设置字体按钮，在该选项下拉列表中可以选择字体，文字进行字体设置。

利用设置字体样式按钮，设置字符样式，主要有：常规（Regular）、加粗（Bold）和斜体（Italic）等。要注意，不是所有字体都具有这些字体样式。

利用设置字体大小按钮，可以设置字体大小。可以选择下拉列表框中提供的大小数据，也可以直接在文本框内输入数据。单位有毫米（mm）、像素（px）和点（pt）。

利用设置消除锯齿的方法按钮，可以设置是否消除文字的边缘锯齿，以及采用什么方法消除文字的边缘锯齿。它有五个选项：【无】（不消除锯齿，对于很小的文字，消除锯齿后会使文字模糊)、【锐利】（使文字边缘锐化）、【犀利】（消除锯齿，使文字边缘清晰）、【浑厚】（稍过渡的消除锯齿）和"平滑"（产生平滑的效果）。

利用设置文本对齐方式按钮，可以设置文字对齐方式。根据输入文字时光标的位置来设置文本的对齐方式，包括左对齐文本、居中对齐文本和右对齐文本。

单击设置文本颜色按钮，可以调出【拾色器】对话框，用来设置文字的颜色。

单击创建变形文本按钮，可以调出【变形文字】对话框，为文本添加变形样式。

显示／隐藏字符和段落调板，可以调出【字符】和【段落】调板。

7.8.3 设置文字效果

对文字进行字体、字号、颜色等设置后，可以得到如图7-84所示效果。

图7-84 设置文字属性后的效果

7.8.4 设置段落格式

在编辑段落文字的过程中，单击文字工具选项栏中【显示/隐藏字符和段落调板】按钮 B 或单击【窗口】→【段落】命令，即可打开【段落】面板，其各选项的功能如图7-85所示，在其中可以设置各种段落格式，各选项的含义与Word相应功能类似，在此不再具体介绍。

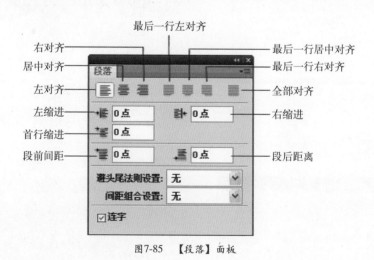

图7-85 【段落】面板

7.9 格式的编辑

为了使文字和图形很好地融合起来，往往需要对文字进行横排、竖排及变形处理等。

7.9.1　更改文字的排列方式

单击文字工具栏中更改文本方向按钮 ⊞，若当前文本为横排时单击该按钮文本更改为竖排方向；若为竖排时单击则更改为横排方向。

7.9.2　转换点文字与段落文字

点文本和段落文本可以互相转换。当为点文本时，执行【图层】→【文字】→【转换为段落文本】命令即可把点文本转换为段落文本；当为段落文本时，执行【图层】→【文字】→【转换为点文本】命令即可把段落文本转换为点文本。

注：将段落文本转换为点文本时，所有溢出定界框的字符都会被删除。因此，为避免丢失文字，应首先调整定界框，使所有文字在转换前都显示出来。

7.9.3　变形文字

对创建的文字进行变形处理后即可得到变形文字，创建变形文字的具体方法如下：

（1）打开文件"变形文字.psd"，选择文字图层。

（2）执行菜单【图层】→【文字】→【变形文字】命令，打开【变形文字】对话框，在【样式】下拉列表中选择【上弧】，各参数设置如图7-86示，文字变形效果如图7-87所示。

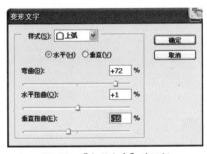

图7-86　【变形文字】对话框　　　　　　图7-87　变形效果

（3）如要修改变形效果，单击工具选项栏按钮 ⚒，打开【变形文字】对话框，对其参数重新设置，如要改为【旗帜】样式，其参数和效果如图7-88示。

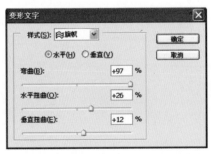

图7-88　改变参数的变形效果

7.9.4 沿路径绕排文字

文字沿着创建的路径排列，改变路径形状时，文字的排列方式也随之改变。具体方法如下：

（1）打开素材文件夹中文件"路径文字.psd"，选择工具箱椭圆按钮◎，在工具选项栏中按下【路径】按钮◲和【添加到路径区域（+）】按钮◙，按住Shift键同时用鼠标在画布上拖拽出一个比圆形图像稍大一点的圆形路径，如图7-89所示。

图7-89 绘制路径

（2）选择横排文字工具，设置字体、大小和颜色，如图7-90所示。

图7-90 字符属性

（3）将光标放在路径上，变成♣形状后，单击便出现闪烁的"I"形光标，输入文字便可沿路径排列，如图7-91所示，按Ctrl+Enter组合键结束操作。

（4）单击工具箱▶ 路径选择工具 A按钮，再用鼠标移到环绕文字上，鼠标变成▶或◀，此时沿着圆形路径顺时针（或逆时针）拖拽路径上的标记✳或ᶿ，可以改变文字的起始位置和终止位置，如图7-92所示。注意：在拖拽时要小心，以免跨越到路径的另一侧，将文字翻转到路径的另一边。

（5）在【路径】面板的空白处单击隐藏路径，如图7-93所示。

图7-91 输入文字

图7-92 调整起始位置

图7-93 效果图

7.10 任务四：艺术字设计实例

任务目的：掌握利用文字工具、手指涂抹工具、画笔设置等制作出特殊效果文字方法。

7.10.1 教学案例

1. 案例背景

很多平面设计中需要一些特殊效果的文字以起到画龙点睛的作用，因此需要利用文字工具并运用其他方法对文字设置特殊效果。

2．案例效果

效果图如图7-94所示。

3．实例操作步骤

（1）执行【文件】→【新建】命令，新建一个名为艺术字的文件，宽20cm、高10cm、分辨率为300dpi的文件。填充前景色为黑色。

（2）单击工具箱中 横排文字蒙版工具 T 按钮，输入英文TREE，并设置颜色为黄色（R：222、G：168、B：80）。如图7-95所示。

图7-94 "藤条艺术字"效果图

图7-95 输入英文并填充颜色

（3）双击【图层】面板中文本图层名称右侧空白区域，打开【图层样式】对话框，设置【斜面和浮雕】图层样式，面板设置如图7-96所示，设置完毕单击【确定】按钮可以得到如图7-97所示的效果。

（4）执行【图层】→【图层样式】→【创建图层】命令，然后将得到的两个图层与下方图层进行合并，如图7-98所示。

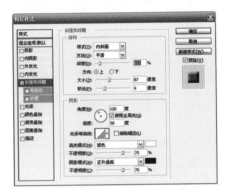

图7-96 【图层样式】设置

图7-97 图层样式设置完效果

图7-98 创建图层后效果

（5）选择工具箱中的【涂抹工具】 ，模式正常强度100%，对第一个字母下边缘进行涂抹，效果如图7-99所示，不断改变笔刷的大小进行涂抹，得到根的形状，效果如图7-100所示。

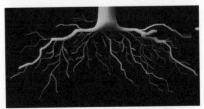

图7-99 涂抹出根部效果

图7-100 涂抹出根部效果

（6）接着使用涂抹工具，涂抹出环绕字母的树藤，效果如图7-101所示。

（7）选择【画笔工具】☑️画一些下垂的枝条，如图7-102所示。

图7-101　涂抹环绕字母的树藤

图7-102　绘制下垂的枝条效果

（8）选择【画笔工具】☑️，变换前景色为绿色R：82、G：130、B：67，打开【画笔】调板（按快捷键F5），调整画笔笔尖形状为飘落腾叶画笔，设置画笔，按如图7-103所示设置画笔的散布选项，将【数量抖动】设置为86%，让叶子散布的距离更大。叶子效果如图7-104所示。

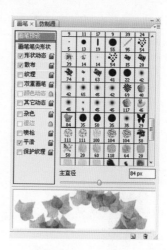

图7-103　绘画笔设置

（9）使用设置好的画笔在字母的上半部分画出下垂的绿色枝条，最好在新图层上画。完成效果如图7-105所示。

图7-104　叶子效果

图7-105　完成效果

7.10.2　案例操作

完成的特效文字如图7-106所示。

图7-106　特效文字

7.11 任务五：利用文字排版设计的实例

任务目的：利用文字工具等完成一张宣传海报。

7.11.1 教学案例

1．案例背景

在一些广告设计中，合理安排文字版面非常重要，既能利用文字将要传达的信息充分表达，又能结合图形图像，使整个版面协调，内容丰富而不单一，给人以美的享受。

2．案例效果

效果图如图7-107所示。

3．案例操作步骤

（1）新建一个宽度为17.75cm，高度为30cm，分辨率为300dpi，色彩模式为RGB颜色的文件。选择墨迹的图片放置在如图7-108所示的位置上。新建图层，选择荷花图片放置在如图7-109所示的位置上。

图7-107　最终效果图　　　　　　　图7-108　效果图　　　　　　　图7-109　效果图

（2）执行【图层】→【添加图层蒙版】命令或单击【图层】面板下方的 ▣ 按钮，为荷花图层添加图层蒙版如图7-110所示。在图层蒙版中拉出从黑到白的径向渐变图层效果如图7-111所示，画面完成效果如图7-112所示。

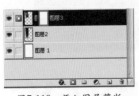

图7-110　添加图层蒙版　　　　图7-111　渐变设置　　　　　图7-112　图层效果

（3）单击工具箱中 T 横排文字工具 T 按钮，输入大写英文ART UWHEN SAF，其属性设置如图7-113所示，放置在如图7-114所示的位置上。用同样的方法输入汉字"艺术宝库"，效果如图7-115所示。

图7-113　文字属性

图7-114　添加英文

图7-115　添加汉字

（4）单击工具箱中 横排文字蒙版工具 按钮，在画布窗口进行拖拽，出现段落文字定界框，输入如图7-116所示的文字内容，其属性设置如图7-117所示。

图7-116　输入段落文字

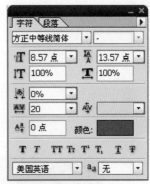

图7-117　【字符】属性

（5）单击工具箱中 横排文字工具 按钮，输入"韵"字，其属性设置如图7-118所示，效果及位置如图7-119所示。

图7-118　【字符】属性

图7-119　输入文字

（6）选择如下图中类似的莲藕图片，使用工具箱中的移动工具 ，将莲藕图像拖拽到如图7-120所示的位置，调整到合适大小，完成广告的设计。

图7-120　插入莲藕图像

7.11.2　案例操作

完成如图7-121所示的房地产广告设计。

图7-121　房地产广告设计

7.12 任务六：结合路径与文字制作名片

任务目的：利用基本形状工具和文字工具完成名片的设计。

教学案例

1．案例背景

名片常常代表个人和企业的第一形象，一张设计精美的名片会让人在商业活动或交际中起到很大的作用。名片的设计有人称之为方寸艺术，在设计过程中把文字、图片、标志、色块和图形有机地结合起来，使名片简洁大方，而又突出主题。

2．案例效果

案例效果如图7-122所示。

3．案例操作步骤

（1）新建"名片"文件，其参数如图7-123所示。首先来制作名片上的"标志"。单击工具箱中的【矩形选框工具】按钮 ，在画布中绘制矩形选区，前景色设置为蓝色（R：54、G：112、B：206），然后按Alt+Delete组合键填充选区效果如图7-124所示。复制矩形并填充颜色为绿色（R：244、G：184、B：174），效果如图7-125所示。

图7-122 名片效果图

图7-123 【新建】对话框

图7-124 绘制矩形选区

图7-125 复制矩形选区

（2）新建图层，选择工具箱中【钢笔工具】 ，绘制如图7-126所示的小鱼图形，将其填充颜色设置为白色，绘制如图7-127所示。新建图层选择【椭圆选框工具】 绘制鱼眼睛填充为绿色（R：244、G：184、B：174）。选中眼睛及鱼的图层按Ctrl+E组合键合并图层，把眼睛与鱼合并为一个图层，如图7-128所示。

图7-126　鱼的路径

图7-127　填充白色

图7-128　绘制眼睛

（3）单击工具箱中 **T 横排文字工具** T 按钮，在绘制的图形下方添加文字，对文字的属性设置如图7-129所示，效果如图7-130所示，完成名片标志的设计。

图7-129　字符属性

图7-130　完成效果

（4）单击工具箱中 **T 横排文字工具** T 按钮，输入名片的企业名"幸运鱼陶吧"，文字的属性设置如图7-131所示，效果如图7-132所示。在图层中右击选择栅格化图层，将文字栅格化后，使用【矩形选框工具】 圈住第一个字执行【编辑】→【自由变化】命令或者按Ctrl+T键对文字的位置及方向进行变换如图7-133所示。

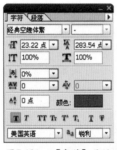
图7-131　【字符】属性

图7-132　文字效果

图7-133　自由变化

（5）用相同的方法对其他字进行设置，效果如图7-134所示。接下来使用【魔术棒工具】 ，选择"幸、鱼、吧"三个字里面的白色部分填充标志里的绿色，如图7-135所示。

图7-134　变换文字效果

图7-135　填充绿色效果

（6）将鱼的图层拖到图层下方的创建新图层按钮　上，复制出一个鱼的图层并填充（R：204、G：218、B：241）淡蓝色，用相同的方法复制出另一条鱼，如图7-136所示。新建图层，选择【椭圆选框工具】　绘制圆形选区，执行【编辑】→【描边】命令，设置如图7-137所示。

图7-136　复制鱼效果

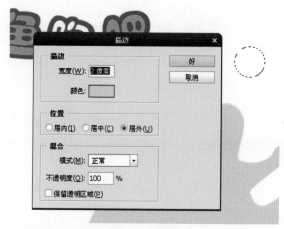

图7-137　描边

（7）复制气泡并适当缩小，并且把鱼身上的气泡设置为白色，如图7-138所示。利用工具箱中　横排文字工具　工具，设置不同的文字块属性，添加个人的一些信息，得到如图7-139所示的效果图，完成效果如图7-122所示。

經理　齊魚

電話：01086903456　QQ:85456113　www.luckfish.com
地址：北京市朝陽區快樂新天地五樓

图7-138　绘制完气泡效果　　　　图7-139　添加文字

重 难 点 知 识 回 顾

　　本章主要介绍了路径和文字工具，并以案例形式介绍了它们的应用。本章重点是要掌握路径和文字工具，并能灵活运用，制作出特殊效果的文字。

7.13　课后习题

一、填空题

　　1.＿＿＿＿＿＿的实质是矢量方式定义的线条轮廓，它可以是一条直线、一个矩形、一条曲线以及各种形状的线条。

　　2.路径可以是一个＿＿＿＿＿＿、＿＿＿＿＿＿或＿＿＿＿＿＿，通常是将起点与终点连接起来组成直线或曲线段。

　　3.根据路径的状态不同，可将路径划分为＿＿＿＿＿＿和＿＿＿＿＿＿两种。

　　4.＿＿＿＿＿＿与＿＿＿＿＿＿是 Photoshop CS5中的两种文字类型。

　　5.创建文字的四种工具有＿＿＿＿＿＿、＿＿＿＿＿＿、＿＿＿＿＿＿和＿＿＿＿＿＿。

二、选择题

　　1.下面选项中可以用来创建较复杂形状路径的是（　　）。

　　　　A.自由钢笔工具　　　　　　　　B.形状工具

　　　　C.钢笔工具　　　　　　　　　　D.铅笔工具

　　2.除了利用创建路径工具创建路径外，还可以将（　　）转换为路径。

　　　　A.图层　　　　B.蒙版　　　　C.通道　　　　D.选区

　　3.Photoshop CS5中提供的（　　）可以处理大量的文本。

　　　　A.文字工具　　　　　　　　　　B.字符面板

　　　　C.段落文本框　　　　　　　　　D.段落面板

三、简答题

　　1.点文本与段落文本各有什么特点？区别是什么？

　　2.如何将点文本转换为段落文本？

8

图像的色彩调整

色彩调整是图片处理中的一个重要环节，本章介绍了色彩调整的常用命令和常见的照片调整方法。

8.1 调整图层的作用

改变图像的颜色和色调，常常使用【图像】→【调整】中的各种命令，不过这种方法会改变图层中像素的真实信息，为了实现无损化编辑，可以使用【图层】→【新建调整图层】下的各种命令，或者使用【图层】面板下的 ◉，来实现利用虚拟图层记录调整的参数而不更改原有图层的信息，而且这个参数是随时可以修改的。因为是记录的参数，所以阴影/高光、去色、匹配颜色等调整在调整图层里是没有的。调整图层里的纯色、渐变、图案主要配合图层混合模式使用。

8.2 任务一：亮度/对比度、自动色阶修改图片

任务目的：掌握调整图层面板按钮功能，了解自动色阶及亮度/对比度对一般照片的作用。

8.2.1 教学案例

1. 案例背景

数码相机拍摄的图片由于相机自身问题，对比度不够，大部分图片利用自动色阶能提高其层次感，利用亮度/对比度可以稍微更改原始照片的亮度和层次。

2. 案例效果

原图如图8-1所示，完成后的效果如图8-2所示。

图8-1 原图效果

图8-2 完成的效果图

3. 案例操作步骤

（1）打开需要调整的图片文件。

（2）单击【图层】面板上的 按钮，选择【色阶】选项，打开色阶调整面板，如图8-3所示，单击面板上的【自动】按钮，图片层次发生变化，如果觉得不够还可以复制该调整图层，也可以通过图层不透明度来调节自动色阶的效果。

（3）单击【图层】面板上的 按钮，选择【亮度/对比度】，将亮度提高10左右，最终效果如图8-2所示。

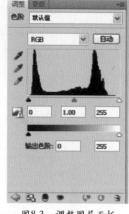

图8-3 调整图层面板

8.2.2 知识扩展

调整图层面板如图8-3所示。

删除选中图层或删除选中蒙版。

恢复到默认值。

观看上一个调整状态的效果。

调整图层的隐藏与显示。

该调整图层影响所有图层，单击后变成 ，只影响该调整图层下面紧邻的图层。

调整图层面板显示大小的修改。

返回调整图层列表。

8.3 任务二：曲线调整画面亮度和色彩

任务目的：掌握曲线在图片调整中的主要作用，理解同一效果可以用多种方式达到。

8.3.1 教学案例

1．案例背景

数码照片太暗或太亮，可以利用曲线来调整，曲线是色彩调整的有力工具。

2．案例效果

原图如图8-4所示，完成后的效果如图8-5所示。

图8-4 原图效果

图8-5 完成的效果图

3．案例操作步骤

（1）打开需要调整的图片文件。

（2）单击【图层】面板上的 ![]按钮，选择【曲线】选项，在曲线调整面板拉出S型曲线以提高画面对比，如图8-6所示。

（3）再次创建曲线调整图层，轻微向上拉动曲线以提升画面亮度，如图8-7所示。

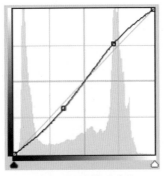
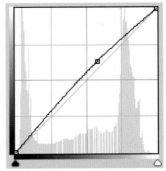

图8-6　曲线调整反差图　　　　　　　　　　图8-7　曲线调整画面亮度

（4）在选区相加模式下在人物腮部作出两个选区，羽化值36左右，如图8-8所示。

（5）创建曲线调整图层，在曲线面板选择【绿通道】，稍微向下拉动曲线，降低绿色提升品红色调以提升腮部颜色，如图8-9所示。

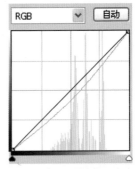

图8-8　制作选区　　　　　　　　　　　图8-9　单通道调整画面色彩

（6）创建色阶调整图层，单击【自动】按钮提升画面层次，最终效果如图8-5效果图。

8.3.2　知识扩展

曲线主要有以下三个用途：

（1）主要用来调整画面亮度，往上提是提升画面亮度，向下拉是降低画面亮度，如图8-7所示。

（2）第二个用处是用来修改画面色彩，也就是分别调整红绿蓝三个通道的曲线，如图8-9所示。

（3）第三个用处是用来调整画面反差，如图8-6所示。

8.4 任务三：色阶调整画面对比度和色彩

任务目的：掌握色阶在图片调整中的主要作用，理解同一效果可以用多种方式达到。

8.4.1 教学案例

1. 案例背景

数码照片层次不够，可以利用色阶来调整，色阶是色彩调整的有力工具。

2. 案例效果

原图如图8-10所示，完成后的效果如图8-11所示。

图8-10 原图效果

图8-11 完成的效果图

3. 案例操作步骤

（1）打开需要调整的图片文件。

（2）单击【图层】面板上的 按钮，选择【色阶】选项，在色阶调整面板分别拖动暗调、中间调、亮调的三角形调整按钮，参数如图8-12所示。

（3）在选区相加模式下在人物腮部作出两个选区，羽化值26左右。

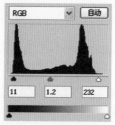

图8-12 色阶调整画面反差

（4）创建色阶调整图层，在色阶面板选择【绿通道】，稍微向右拖动中间调按钮，参数为0.83，降低绿色提升品红色调以提升腮部颜色，最终效果如图8-11所示。

8.4.2 知识扩展

（1）通过调整图像的暗度、中间调和高光，校正图像的色调范围和色彩平衡。

（2）色阶对话框中的直方图可以用作调整图像基本色调的直观参考。直方图中的纵坐标越高，表示含有相应色调的像素数目越大，图像对应区域的细节就表现得越丰富。

（3）选择RGB通道，可以在整个颜色范围内对图像进行色调调整，选择单一的红绿蓝通道也可以单独编辑特定颜色通道的色调。这和直接在【通道】面板里选择单一通道的效果是一样的。

8.5　任务四：曝光度调整画面亮度和对比度

任务目的：掌握曝光度在图片调整中的主要作用，理解同一效果可以用多种方式达到。

8.5.1　教学案例

1．案例背景

为了提升照片层次和调整照片的明暗，可以使用曝光度来调整。

2．案例效果

原图如图8-13所示，完成后的效果如图8-14所示。

图8-13　原图

图8-14　完成的效果图

3．案例操作步骤

（1）打开需要调整的图片文件。

（2）单击【图层】面板上的 按钮，选择【曝光度】选项，在曝光度调整面板中分别拖动【曝光度】、【位移】、【灰度系数校正】调整按钮，参数设置如图8-15所示，最终效果如图8-14所示。

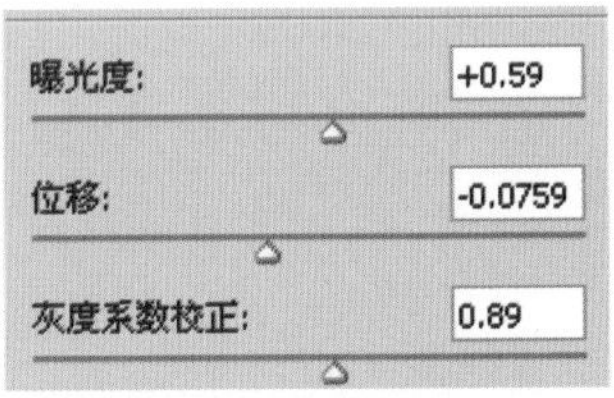

8.5.2　知识扩展

曝光度:	+0.59
位移:	-0.0759
灰度系数校正:	0.89

图8-15　曝光度调整参数图

三个参数含义如下：

（1）【曝光度】：调整高光区域，对暗部区域的影响很小。

（2）【位移】：调整中间调和阴影部分，对高光区域的影响很小。

（3）【灰度系数校正】：调整整个画面的明暗程度。

8.6　任务五：色相/饱和度调整画面色彩

任务目的：掌握色相、饱和度在图片调整中的作用，理解同一效果可以使用多种方法完成。

8.6.1　教学案例

1．案例背景

为了提升照片饱和度和调整照片的颜色，可以使用色相/饱和度调整。

2．案例效果

原图如图8-16所示，完成后的效果如图8-17所示。

图8-16　原图效果

图8-17　完成的效果图

3．案例操作步骤

（1）打开需要调整的图片文件。

（2）单击【图层】面板上的 ◯. 按钮，选择【色相/饱和度】选项，在全图模式下调整参数如图8-18所示，然后分别选择【黄色】：色相参数为-54；【绿色】：色相参数为-24，饱和度为+8；【洋红】：色相参数为-62，饱和度为+21，最终效果如图8-17所示。

图8-18　色相、饱和度调整参数图

8.6.2　知识扩展

（1）当在【色相/饱和度】调整面板选中某一颜色的时候，即指定某一颜色然后调整，单击 按钮，鼠标移到图片上光标变为吸管工具，单击某一颜色，直接左右移动即改变该颜色饱和度，按住Ctrl键后左右移动即改变该颜色色相。

（2）着色按钮勾选后即将图片变为单一色调。

（3）单击【图层】面板上的 ◯. 按钮，选择【自然饱和度】选项，自然饱和度在调整时会大幅增加不饱和像素的饱和度，对已经饱和的像素只做很细微的调整，常常用在对肤色饱和度调整上，对皮肤的肤色有很好地保护作用，这样不但能够增加图像某一部分的色彩，而且还能保证整幅图像饱和度正常。

8.7 任务六：色彩平衡调整画面色彩

任务目的：掌握色彩平衡在图片调整中的主要作用，理解同一效果可以用多种方式达到。

8.7.1 教学案例

1．案例背景

风景类等照片色彩统一调整可以用色彩平衡命令调整。

2．案例效果

原图如图8-19所示，完成后的效果如图8-20所示。

图8-19 原图效果

图8-20 完成的效果图

3．案例操作步骤

（1）打开需要调整的图片文件。

（2）单击【图层】面板上的█按钮，选择【色彩平衡】选项，在对话框中选择【中间调】，参数设置如图8-21所示。

（3）选择【阴影】，参数设置分别为-29、+16、+27；选择【高光】，参数设置分别为+31、-12、-26，最终效果如图8-20。

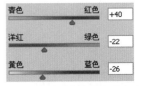

图8-21 色彩平衡中间调参数图

8.8 任务七：调整彩色照片为黑白效果

任务目的：掌握黑白命令控制黑白影调层次。

教学案例

1．案例背景

彩色照片变黑白，需要控制不同颜色的黑白灰层次。

2．案例效果

原图如图8-22所示，完成后的效果如图8-23所示。

图8-22 原图效果

图8-23 完成的效果图

3．案例操作步骤

（1）打开需要调整的图片文件。

（2）单击【图层】面板上的 按钮，选择【黑白】选项，照片变为黑白效果。

（3）拖动【红色】选项向左，原图中红色区域加黑，拖动【红色】选项向右，原图中红色区域变淡，同理可以控制原图中不同颜色在黑白中的变黑程度。参数设置如图8-24所示，最终效果如图8-23所示。

图8-24 黑白调整参数图

8.8.2 知识扩展

在【黑白调整窗口】勾选【色调】，调整右边颜色框内的颜色，可以将照片处理成单色调效果，效果如图8-25所示。

图8-25 单色调效果图

8.9 任务八：通道混合器调整画面色彩

任务目的：掌握通道混合器命令调整画面色彩。

8.9.1 教学案例

1．案例背景

通道混合器命令是一个很好用的色彩调整命令，能得到很不错的色彩效果。

2．案例效果

原图如图8-26所示，完成后的效果如图8-27所示。

图8-26 原图效果

图8-27 完成的效果图

3．案例操作步骤

（1）打开需要调整的图片文件。

（2）单击【图层】面板上的 按钮，选择【通道混合器】选项，面板上【输出通道】为将要调整的通道，下方有【红色】、【绿色】、【蓝色】、【常数】四个调整选项。

（3）选择【输出通道】为红通道，【红色】选项向右提升为+131%，提升原本红色区域的红色；【绿色】选项向右提升为+39%，提升原本绿色区域的红色；【蓝色】选项向右提升为+87%，提升原本蓝色区域的红色，参数如图8-28所示。

（4）选择【输出通道】为绿通道，【红色】选项向右提升为+30%，提升原本红色区域的绿色；【绿色】选项向右提升为+83%，降低原本绿色区域的绿色，也就是加品红色调；【蓝色】选项向左降低为-55%，降低原本蓝色区域的绿色即加品红色调，参数如图8-29所示。

图8-28 改变画面红色调参数图

图8-29 改变画面绿色调参数图

8.9.2　知识扩展

（1）面板上【输出通道】为将要调整的通道，下方有红、绿、蓝、常数四个调整选项。

（2）当【输出通道】为红通道时，将改变红色通道里的明暗，也就是改变画面的颜色为变红或者变青；当【输出通道】为绿通道时，将改变绿色通道里的明暗，也就是改变画面的颜色为变绿或者变品红；当【输出通道】为蓝通道时，将改变蓝色通道里的明暗，也就是改变画面的颜色为变蓝或者变黄，而下方选项其实是以颜色作为选区。

（3）例如选择【输出通道】为红通道，选择【绿色】作为调整选项，向右边拖动三角形调整点，就是将画面中绿色部分作为选区，然后在红色通道里加亮红色通道，那么就是画面中原本绿色部分（选区）将变的较为红；而如果以【蓝色】为选项，那么改变的就只有画面中蓝色区域，结果也是体现在【输出通道】红色通道里的颜色，变红或者变青。

（4）勾选【单色】，就是处理黑白效果，也可以调整四个选项，【红色】、【绿色】、【蓝色】调整不同色彩区域的黑白灰层次，【常数】选项调整画面的整体明暗。

8.10　任务九：利用阈值等命令制作照片特效

任务目标：掌握阈值、反相、渐变映射的效果调整。

8.10.1　教学案例

1．案例背景

一些插画特效可以通过色彩调整的一些操作来实现。

2．案例效果

原图如图8-30所示，完成后的效果如图8-31所示。

图8-30　原图效果

图8-31　完成的效果图

3．案例操作步骤

（1）打开需要调整的图片文件。

（2）单击【图层】面板上的按钮，选择【阈值】选项，输入数值155，表示原图中色阶值155以下的全部变为黑色，以上的全部变为白色，画面只有纯白和纯黑两种颜色。

（3）单击【图层】面板上的按钮选择【反相】选项，画面色调变为互补色调。黑色白色互换，如果是彩色图片，就是红色和青色、绿色和品红、蓝色和黄色互换。

（4）单击【图层】面板上的按钮，选择【渐变映射】选项，单击色带调出渐变编辑器，设置黄色和蓝色渐变。

（5）单击【图层】面板上的按钮，选择【照片滤镜】选项，选择【颜色】选项，单击色块设置绿色，浓度提升到66%，效果如图8-31。

8.10.2　知识扩展

（1）【阈值】、【反相】等操作简单，可以组合滤镜等制作照片特效，理解较为容易，在此不一一赘述。

（2）【可选颜色】命令是选中需要的调整的颜色，然后调整相应的色调。

8.11　任务十：利用阴影/高光调整曝光过度和不足的照片

任务目的：掌握阴影/高光对画面中曝光的分区调整。

8.11.1　教学案例

1．案例背景

照片曝光过度，或者曝光不足，可以利用阴影/高光调整。

2．案例效果

原图如图8-32、图8-34所示，完成后的效果如图8-33、图8-35所示。

图8-32　原图效果

图8-33　完成的效果图

3．案例操作步骤

（1）打开需要调整的图片文件。单击菜单【图像】→【调整】→【阴影/高光】命令，打开【阴影/高光】调整面板，【阴影】为35%，【高光】为0%，效果图如图8-33所示。

图8-34　原图效果

图8-35　完成的效果图

（2）打开需要调整的图片文件。单击菜单【图像】→【调整】→【阴影/高光】命令，打开【阴影/高光】调整面板，【阴影】为0%，【高光】为30%，效果如图8-35所示。

8.11.2　知识扩展

【阴影/高光】对于曝光不足的照片调整非常方便。特别是对逆光人像作品，可以很方便地调整面部的曝光。

8.12　任务十一：利用HDR色调模拟高动态范围照片

任务目的：掌握HDR色调对画面中曝光、灰度、高动态范围的调整。

8.12.1　教学案例

1．案例背景

照片曝光过度，或者曝光不足，照片偏灰、色调范围少，可以利用HDR色调调整，以模拟出高动态的效果。

2．案例效果

原图如图8-36所示，完成后的效果如图8-37所示。

图8-36　原图效果

图8-37　完成的效果图

3．案例操作步骤

打开需要调整的图片文件。单击菜单【图像】→【调整】→【HDR色调】命令，打开【HDR色调】调整面板，默认设置就可以调整画面的色调分布，效果如图8-37所示。

8.13   任务十二：利用色调均化调整画面层次

任务目的：掌握色调均化对画面层次的调整。

8.13.1   教学案例

1．案例背景

照片色阶分布不均，画面层次缺失，可以通过色调均化命令来调整。

2．案例效果

原图如图8-38所示，完成后的效果如图8-39所示。

图8-38   原图效果   图8-39   完成的效果图

3．案例操作步骤

（1）打开需要调整的图片文件。单击菜单【图像】→【调整】→【色调均化】命令，将重新分布图像中像素的亮度值，以更均匀地呈现所有范围的亮度级。

（2）如果觉得处理的有点过度，可以单击菜单【编辑】→【渐隐色调均化】命令，打开【渐隐】调整对话框，降低不透明度为80％，效果图如图8-39所示。

8.13.2   知识扩展

（1）【渐隐】命令是一个在一些调整命令不可以更改参数的时候，通过【渐隐】对话框降低不透明度来调整该命令效果强弱，比如色调均化和一些滤镜效果，会根据上一个命令而变化的菜单命令，比如刚才上一个命令使用了【色调均化】操作，此时【渐隐】命令变为【渐隐色调均化】。该命令在不能使用时以灰色显示。

（2）该案例操作步骤第二步也可以采用复制一个背景图层，在复制的背景图层上利用色调均化调整，然后调整图层的不透明度。

8.14 任务十三：利用匹配颜色调整画面色调

任务目的：掌握匹配颜色调整画面颜色的方法。

教学案例

1．案例背景

有些照片色彩色调丰富美观，可以利用命令将该图片匹配给其他色调平淡的照片。

2．案例效果

原图如图8-40所示，完成后的效果如图8-41所示。

图8-40 原图效果

图8-41 完成的效果图

3．案例操作步骤

打开需要调整的图片文件。当图8-40为当前操作文件的时候，单击菜单【图像】→【调整】→【匹配颜色】命令，打开【匹配颜色】对话框，选择【源】为图8-40，【图像选项】参数设置如图8-42所示，调整后的效果如图8-41所示。

图8-42 【匹配颜色】对话框

重 难 点 知 识 回 顾

1．本章节要重点掌握曲线、色阶命令的使用。

2．图像的色彩调整同一效果可以有多种处理办法，本章中案例图片在练习时可以用不同命令举一反三，体会同一效果的多种处理办法。

3．难点是通道混合器命令的使用，需要深入理解通道里的黑白灰的含义。

8.15 课后习题

一、填空题

1. 将彩色照片处理成黑白照片有很多种办法，Photoshop CS5中专门用于此操作的命令是_____。

2. 调整图片的饱和度最直接的办法是利用_____命令。

3. _____型曲线主要用来提高画面反差。

4. 色调指的是画面的明亮程度，色调范围是_____，共_____种色调。

5. 单色调画面效果处理有多种方法，使用【黑白】命令勾选_____也可以处理成单色调画面。

二、选择题

1. 使用【色阶】命令将图像变暗，使用以下（   ）来完成操作。

    A. 在【色阶】对话框中，将左边滑钮调至右边

    B. 在【色阶】对话框中，将右边滑钮调至左边

    C. 在【色阶】对话框中，将中间滑钮调至左边

    D. 在【色阶】对话框中，将中间滑钮调至右边

2. 【曲线】命令的对话框中，X轴和Y轴分别代表的是（   ）。

    A. 输入值、输出值　　　　　　B. 输出值、输入值

    C. 高光、暗调　　　　　　　　D. 暗调、高光

3. 下面（   ）命令不能提亮画面。

    A. 色相饱和度　　　　　　　　B. 色阶调整

    C. 曲线调整　　　　　　　　　D. 亮度/对比度

4. 下面关于调整图层的叙述（   ）是正确的。

    A. 关于色调调整方面的命令都可以在调整图层里使用

    B. 调整图层无法对单个图层起作用

    C. 可以随时更改调整参数

    D. 如果当前对象里存在选区，使用调整图层的时候对整个画面起作用

5. 直方图是用来查看图片（   ）。

    A. 格式　　　　　　　　　　　B. 像素信息

    C. 来源　　　　　　　　　　　D. 编辑模式

9

滤镜

学 习 目 标

本章通过学习图像处理的一个核心技能——滤镜的相关知识和操作，从滤镜概念、作用、分类、操作方法入手，结合三大独立滤镜、滤镜库和其他类滤镜的功能、具体操作方法以及使用技能进行综合的分析，帮助用户了解滤镜功能，制作出精彩的实例。

9.1 滤镜简介

9.1.1 滤镜概述

滤镜就像摄影师在照相机镜头前安装的各种特殊镜片，可以在很短的时间内，执行一个简单的命令就可以产生千变万化的效果，而不必进行复杂的操作。滤镜在很大程序上丰富了图像效果，使一张张普通的图像或照片变得更加生动。

9.1.2 滤镜的作用

滤镜是一种特殊的图像处理技术，它遵循一定的程序算法，以像素为单位对图像中的像素进行分析，并对其颜色、亮度、饱和度、对比度、色调、分布、排列等属性进行计算和变化处理，从而完成原图像部分或全部像素属性参数的调节或控制。但值得注意的是，即使滤镜的参数设置相同，如图像分辨率不同，得到的图像效果也是不同的。

9.1.3 滤镜菜单

在Photoshop中单击菜单栏中的【滤镜】命令，即可查看到如图9-1所示的【滤镜】菜单，其中包括多个滤镜组，在滤镜组中又有多个滤镜命令，单一的滤镜效果是直观的，可通过执行多次滤镜命令为图像添加不一样的效果。下面分别对滤镜菜单进行简单介绍。

（1）菜单第一行显示的是最近使用过的滤镜，如果没有对图像使用过滤镜则此处呈灰色显示。

（2）转换为智能滤镜可以整合多个不同的滤镜，并对滤镜效果的参数进行调整和修改，让图像的处理过程更智能化。

（3）液化、消失点滤镜为Photoshop中的独立滤镜，未归入滤镜和其他任何滤镜组中，单击选择后即可使用。

（4）从【风格化】到【其他】选项，这一部分是Photoshop为用户提供的13类滤镜组，每一个滤镜组中又包含多个滤镜命令，执行相应的命令即可使用这些子命令。

图9-1 滤镜菜单

（5）在Photoshop中若已安装外挂滤镜，则会将安装的外挂滤镜显示在Digimarc （水印）下方。

9.1.4 滤镜的分类

Photoshop中的滤镜主要分为软件自带的内置滤镜和外挂滤镜两种。内置滤镜是软件自带的滤镜，其中自定义滤镜的功能最为强大。自定义滤镜位于【滤镜】菜单的其他滤镜组中，允许用户定义个人滤镜，使用非常方便。

外挂滤镜需要用户另外进行安装，安装完成后的外挂滤镜会自动出现在Photoshop的【滤镜】菜单中。外挂滤镜的种类有很多，有专门制作电影效果的，还有专门制作边框效果的等。

9.1.5 滤镜的操作

Photoshop本身带了许多滤镜，其功能各不相同，但是只要抓住以下这些规则，就能准确地、有效地使用滤镜功能了。

（1）Photoshop滤镜其作用范围仅限于当前正在编辑的，可见的图层或图层中的选区，若图像此时没有选区，软件则默认对当前图层上的整个图像进行滤镜效果处理；如当前选中的是某一图层或某一通道，则只对当前层或通道起作用。

（2）有些滤镜需要很大的内存，尤其是对于高分辨率图像应用滤镜效果时。这里介绍几种方法用于图像过大时来提高滤镜使用性能。

1）先对图像的一小部分使用滤镜，再对整个图像使用滤镜功能。

2）先对单个通道应用滤镜效果，再对RGB通道使用滤镜。

3）先对复制出的低分辨率的文件使用滤镜，记录下所有的滤镜与设置，再对原来的高分辨率的文件应用此滤镜与设置。

4）在运行滤镜之前先释放内存。

（3）只对局部图像进行滤镜效果处理时，可以对选取范围设置羽化值，使处理的区域能自然而且渐进地与原图像结合，减少突兀的感觉。

（4）当执行完一个滤镜命令后，在【滤镜】菜单的第一行会出现刚才使用过的滤镜。单击它可以快速重复执行相同设置的滤镜命令。

（5）在【滤镜】菜单中执行不同的滤镜命令时，【编辑】菜单中的【渐隐】命令也会随着改变。该命令主要用来将执行滤镜后的效果与原图像进行混合，单击该命令后打开【渐隐】对话框，如图9-2所示。在该对话框中调整【不透明度】和【模式】选项，单击【确定】按钮即可完成调整。

（6）RGB颜色模式的图像可以使用Photoshop中的所有滤镜。而位图模式、16位灰度图，索引模式和48位RGB模式等图像色彩模式则无法使用滤镜，某些色彩模式如CMYK模式，只能使用部分滤镜，画笔描边、素描、纹理以及艺术效果等类型的滤镜都无法使用。如图9-3所示为图像处于CMYK模式下的滤镜菜单。

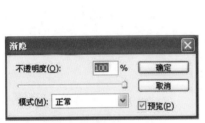

图9-2　【渐隐】面板　　　　　　　　图9-3　CMYK颜色模式时的滤镜菜单

（7）滤镜对话框中有一个【预览】复选框。选中该复选框可以将在滤镜对话框中所做的设置预览显示到图像窗口中。

9.1.6　智能滤镜

智能滤镜是Photoshop CS3版本中开始出现的功能。智能滤镜是一种非破坏性的滤镜，可以达到与普通滤镜完全相同的效果，但他是作为图层效果出现在【图层】面板中的，因而不会真正改变图像中的任何像素，并且可以随时修改参数，或者删除掉。

1．智能滤镜与普通滤镜的区别

在Photoshop中，普通的滤镜是通过修改像素来生成效果的。从【图层】面板中可以看到，【背景】图层被修改了，如果将图像保存并关闭，就无法恢复为原来的效果了。

智能滤镜则是一种非破坏性的滤镜，它将滤镜效果应用于智能对象上，不会修改图像的原始数据。智能滤镜包含一个类似于图层样式的列表，列表中显示了使用的滤镜，只要单击智能滤镜前面的眼睛图标，将滤镜效果隐藏，或者将它删除，即可恢复原始图像。

2．重新排列智能滤镜

当对一个图层应用了多个智能滤镜以后，可以在智能滤镜列表中上下拖动这些滤镜，重新排列它们的顺序，Photoshop会按照由下而上的顺序应用滤镜，因此，图像效果会发生改变。

3．显示与隐藏智能滤镜

如果要隐藏单个智能滤镜，可以单击该智能滤镜旁边的眼睛图标👁；如果要隐藏应用于智能对象图层的所有智能滤镜，则单击智能滤镜行旁边的眼睛图标👁，或者执行【图层】→【智能滤镜】→【停用智能滤镜】命令，如果要重新显示智能滤镜，可在滤镜的眼睛图标👁处单击。

4．复制智能滤镜

在【图层】面板中，按住Alt键，将智能滤镜从一个智能对象拖动到另一个智能对象上，或拖动到智能滤镜列表中的新位置，放开鼠标以后，可以复制智能滤镜，如果要复制所有的智能滤镜，可按住Alt键拖动在智能对象图层旁边出现的智能滤镜图标。

5．删除智能滤镜

如果要删除单个智能滤镜，可以将它拖动到【图层】面板中的删除图层按钮　　　上，如果要删除应用于智能对象的所有智能滤镜，可以选择该智能对象图层，然后执行【图层】→【智能滤镜】→【消除智能滤镜】命令。

9.2　任务一：应用扭曲及模糊滤镜为风景画增添霞光万缕的效果

任务目的：掌握扭曲滤镜组中的波浪、极坐标，模糊滤镜组中的径向模糊的使用方法，并能为风景画制作出霞光万缕的效果。

9.2.1　教学案例

1．案例背景

本任务巧妙地利用滤镜制作出霞光万缕的效果。制作的过程非常简单仅用到两次滤镜效果，不过效果非常经典，减少了很多不必要的步骤，使一张普通的图片更加丰富精彩。

2．案例效果

原图如图9-4所示，完成后的效果如图9-5所示。

图9-4　原图

图9-5　完成效果图

3．案例操作步骤

（1）执行【文件】→【打开】命令。打开一张带霞光的风景照片文件。

（2）新建图层，使用线性渐变工具　，颜色设置为黑白渐变，如图9-6所示。按住Shift键从下至上填充渐变，效果如图9-7所示。

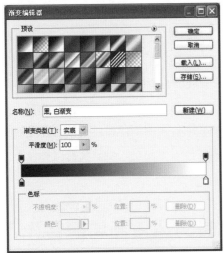

图9-6 设置为黑白渐变

图9-7 设置黑白渐变后效果

(3) 接下来执行【滤镜】→【扭曲】→【波浪】命令，参数设置如图9-8所示，执行完波浪命令后效果，如图9-9所示。

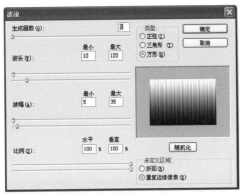

图9-8 波浪滤镜参数设置

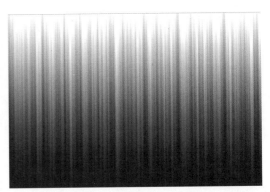

图9-9 波浪滤镜设置完效果

(4) 执行【滤镜】→【扭曲】→【极坐标】命令，并且选择【平面坐标到极坐标】单选按钮，如图9-10所示，执行后效果如图9-11所示。

图9-10 极坐标设置

图9-11 极坐标设置完效果

（5）执行【滤镜】→【模糊】→【径向模糊】命令，参数设置如图9-12所示，执行完极坐标命令后效果如图9-13所示。

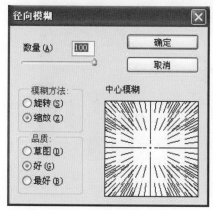

图9-12 【径向模糊】设置

图9-13 径向模糊完效果

（6）将该图层【混合模式】设为【叠加】，如图9-14所示。模式修改后效果，如图9-15所示。

图9-14 叠加色彩模式设置

图9-15 叠加色彩模式设置后效果

（7）新建图层，使用径向渐变工具，颜色设置如图9-16所示。选择属性栏上的反向渐变按钮，从中心向外拉出渐变，效果如图9-17所示。

图9-16 渐变颜色设置

图9-17 设置完渐变效果

（8）将此图层【混合模式】设为【叠加】，如图9-18所示。完成最终效果，如图9-19所示。

图9-18　叠加色彩模式设置

图9-19　完成效果

9.2.2　知识扩展

扭曲组滤镜主要用于对平面图像进行扭曲，使其产生旋转、挤压和水波等变形效果。该滤镜组13种滤镜，除了本任务中讲到的极坐标、波浪，还包括了波纹、玻璃、海洋波纹、挤压、镜头校正、扩散亮光、切变、球面化、水波、旋转扭曲和置换等滤镜。下面作一简单介绍。

【波纹】：该滤镜可以根据参数设定产生不同的波纹效果。

【玻璃】：该滤镜能模拟透过玻璃来观看图像的效果。

【海洋波纹】：该滤镜为图像表面增加随机间隔的波纹，使图像产生类似海洋表面的波纹效果。有【波纹大小】和【波纹幅度】两个参数值。

【挤压】：该滤镜可以使全部图像或选区图像产生向外或向内挤压的变形效果。

【镜头校正】：该滤镜用于校正镜头变形失真后的效果。

【扩散亮光】：该滤镜能使图像产生光热弥漫的效果，常用于表现强烈光线和烟雾效果，也被人称为漫射灯光滤镜。

【切变】：该滤镜能根据用户在对话框中设置的垂直曲线来使图像发生扭曲变形。

【球面化】：该滤镜能使图像区域膨胀实现球形化，形成类似将图像贴在球体或圆柱体表面的效果。

【水波】：该滤镜可模仿水面上产生的起伏状波纹和旋转效果。非常适用于制作同心圆类的波纹，也被人称为锯齿波滤镜。

【旋转扭曲】：该滤镜可使图像产生类似于风轮旋转的效果，甚至可以产生将图像置于一个大旋涡中心的螺旋扭曲效果。

【置换】：该滤镜可以使图像产生位移效果，位移的方向不仅与参数设置有关，还与位移图有密切关系。使用该滤镜需要两个文件才能完成，一个文件是要编辑的图像文件，另一个是位移图文件。位移图文件充当移位模板，用于控制位移的方向。

9.2.3 案例扩展

选择类似下图的人物图片，使用上述方法完成如图9-20所示的图片创意设计。

图9-20 图片创意设计

9.3 任务二：应用渲染、像素化、模糊、扭曲等滤镜制作钻戒广告

任务目的：掌握渲染滤镜组中的云彩、像素化滤镜组中的铜版雕刻、模糊滤镜组中的径向模糊及扭曲滤镜组中的旋转扭曲滤镜的使用方法，并能制作出钻戒广告。

9.3.1 教学案例

1. 案例背景

滤镜可以制作出色彩艳丽的奇幻图像效果，这种效果很适合用来展示钻戒，因此本任务将带领大家使用一系列滤镜来制作一幅钻戒的平面广告作品。

2. 案例效果

完成后的效果如图9-21所示。

图9-21 钻戒的平面广告作品

3. 案例操作步骤

（1）执行【文件】→【新建】命令或单击快捷键Ctrl+N创建一个宽高分别为800像素、600像素的文件，如图9-22所示。将图像背景设置为黑色，将前景色和背景色分别设置为黑色和白色。执行【滤镜】→【渲染】→【云彩】命令，执行完云彩命令后效果如图9-23所示。

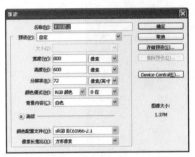

图9-22　新建文件

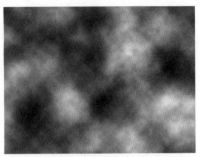

图9-23　云彩效果

（2）执行【滤镜】→【像素化】→【铜版雕刻】命令，参数设置如图9-24所示。执行完云彩命令后效果如图9-25所示。

图9-24　【铜版雕刻】设置

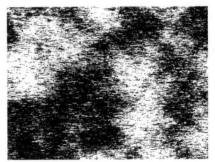

图9-25　铜版雕刻效果

（3）接下来执行【滤镜】→【模糊】→【径向模糊】命令，参数设置如图9-26所示。执行完径向模糊命令后的效果如图9-27所示。按Ctrl+F组合键执行2次操作，效果如图9-28所示。

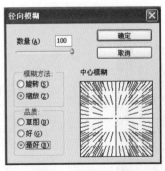

图9-26　径向模糊设置

图9-27　径向模糊效果

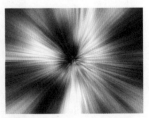

图9-28　二次模糊后效果

（4）执行【滤镜】→【扭曲】→【旋转扭曲】命令，设置角度为120度，如图9-29所示。执行完旋转扭曲命令后的效果如图9-30所示。

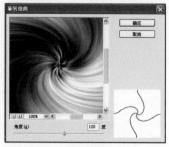

图9-29 旋转扭曲设置

图9-30 旋转扭曲效果

（5）复制当前图层，如图9-31所示。使用步骤4的方法对复制的图层进行操作。旋转角度设置为-180度。完成后，将该图层【混合模式】设为【变亮】，如图9-32所示。完成效果如图9-33所示。

图9-31 复制的图层

图9-32 设置变亮混合模式

图9-33 完成效果

（6）接下来开始为图像添加色彩。执行【图像】→【色相】→【饱和度】命令，设置参数如图9-34所示。这样就将图像调成了微红色调，效果如图9-35所示。

图9-34 饱和度设置

图9-35 调整饱和度效果

（7）选择背景图层执行步骤（6）的操作，参数设置如图9-36所示，将图像调成了微蓝色调，效果如图9-37所示。

图9-36 饱和度设置

图9-37 调整饱和度效果

（8）接下来合并图层，执行【图层】→【合并可见图层】命令。再执行【滤镜】→【锐化】→【USM锐化】命令，参数设置如图9-38所示。来除去图像中的一些模糊像素，效果如图9-39所示。

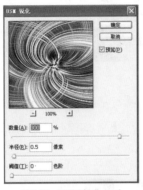 

图9-38　USM锐化设置　　　　　　　　　　图9-39　USM锐化后效果

（9）现在画面已经很漂亮了，但是为了能够衬托出广告的主角——钻戒，还需把图像变暗，执行【图像】→【调整】→【曲线】命令或按快捷键Ctrl+M。设置如图9-40所示，效果如图9-41所示。

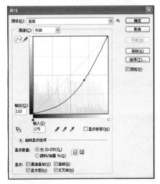 

图9-40　曲线调整设置　　　　　　　　　　图9-41　曲线调整设置后效果

（10）接下来选择【椭圆选框工具】 ◯，在图形中心处画一圆形选区，如图9-42所示。执行【选择】→【修改】→【羽化】命令，羽化值为20，如图9-43所示。然后再次执行【图像】→【调整】→【曲线】命令或按快捷键Ctrl+M，降低图形中心的亮度，如图9-44所示。

图9-42　绘制圆形选区　　　　　图9-43　羽化选区　　　　　图9-44　降低图形中心的亮度

（11）到这步背景已经全部准备好了，就等主角登场了。执行【文件】→【打开】命令。打开一个psd格式不带背景的钻戒图片，将钻戒拖拽到此文件合适的位置上，如图9-45所示。稍作调整后，加上品牌名称，完成此广告设计，效果如图9-46所示。

图9-45　放入钻戒效果

图9-46　加上品牌名称效果

9.3.2　知识扩展

模糊滤镜组里的滤镜是平面设计中经常使用到。模糊滤镜主要用于不同程度地减少相邻像素间颜色的差异，使图像产生柔和、模糊的效果。除了本任务中使用的径向模糊外还提供了如下10种滤镜。下面作一简单介绍。

【表面模糊】：该滤镜对边缘以内的区域进行模糊，在模糊图像时可保留图像边缘，用于创建特殊效果以及去除杂点和颗粒，从而产生清晰边界的模糊效果。

【动感模糊】：该滤镜模仿拍摄运动物体的手法，通过使像素进行某一方向上的线性位移来产生运动模糊效果。动感模糊会把当前图像的像素向两侧拉伸，在对话框中可以对角度以及拉伸的距离进行调整。

【方框模糊】：该滤镜以邻近像素颜色平均值为基准模糊图像。

【高斯模糊】：滤镜利用高斯曲线的分布模式，有选择地模糊图像，是指对像素进行加权平均时所产生的峰形曲线。此滤镜添加低频率的细节并产生模糊效果，其模糊程度可自由控制。

【进一步模糊】：与模糊滤镜产生的效果一样，但效果强度会增加到3～4倍。

【镜头模糊】：该滤镜可以模仿镜头的景深效果，对图像的部分区域进行模糊。

【模糊】：该滤镜使图像变得模糊一些，它能去除图像中明显的边缘或非常轻度的柔和边缘。如同在照相机的镜头前加入柔光镜所产生的效果。

【平均】：该滤镜可找出图像或选区的平均颜色，然后用该颜色填充图像或选区以创建平滑的外观。

【特殊模糊】：该滤镜能找出图像的边缘并对边界线以内的区域进行模糊处理。它的优点是在模糊图像的同时仍使图像具有清晰的边界，有助于去除图像色调中的颗粒、杂色，从而产生一种边界清晰中心模糊的效果。

【形状模糊】：该滤镜使用指定的形状作为模糊中心进行模糊。

9.3.3 案例扩展

使用以上学习的滤镜方法完成下面这则房地产广告设计，如图9-47所示。

图9-47 房地产广告设计

9.4 任务三：应用多种滤镜完成彩条麻料围巾的制作

任务目的：掌握渐变色编辑器、模糊滤镜、风滤镜、铜版雕刻滤镜、扭曲滤镜、球面化滤镜的使用方法，并能够完成彩条麻料围巾的制作。

9.4.1 教学案例

1．案例背景

在平面设计中经常会使用布纹效果做底纹或作为其他元素使用，如果没有合适的素材，就需要我们自己来制作，本案例就把彩条麻料布纹的制作过程教给大家，并且最终完成围巾的制作。

2．案例效果

完成后的效果如图9-48所示。

图9-48 彩条麻料围巾完成效果

3．案例操作步骤

（1）)执行【文件】→【新建】命令或按快捷键Ctrl+N创建一个宽高15cm*20cm，分辨率为200像素的文件，将背景内容设置为白色，如图9-49所示。

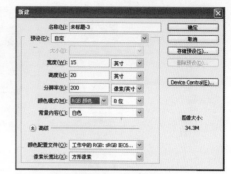

（2）新建图层，使用线性渐变工具■，在【渐变编辑器】对话框中将【渐变类型】设置为【杂色】，【粗造度】设置为【50%】，在【选

图9-49　新建文件

项】一栏中勾选【限制颜色】一项，然后可以多单击几次【随机化】按钮，选出自己喜欢的色彩，如图9-50所示。按住Shift键从左至右拉出渐变，如图9-51所示。渐变效果如图9-52所示。

图9-50　渐变颜色设置

图9-51　渐变方向

图9-52　设置完渐变效果

（3）执行【图层】→【复制图层】命令，重复2次得到两个复本。按照从底层到高层依次为图层1、图层1副本、图层1副本2，效果如图9-53所示。将图层1的两个副本隐藏，如图9-54所示。

图9-53　复制图层

图9-54　隐藏图层

（4）使图层1为当前层，执行【滤镜】→【模糊】→【高斯模糊】命令，如图9-55所示，在弹出的对话框中，将半径设置为1像素，如图9-56所示。执行完高斯模糊命令后效果如图9-57所示。

图9-55　滤镜菜单　　　　　　　图9-56　高斯模糊设置　　　　　　图9-57　高斯模糊效果

（5）接下来使图层1副本为当前层，执行【滤镜】→【风格化】→【风】命令，在弹出的对话框中，将【方法】设置为【飓风】，将【方向】设置为【从右】，如图9-58所示。执行风命令后效果，如图9-59所示。在【图层】面板上将此图层的【混合模式】设置为【溶解】，如图9-60所示。

图9-58　风设置　　　　　　　图9-59　风命令后效果　　　　　　图9-60　溶解混合模式

（6）使图层1副本2为当前层，执行【滤镜】→【像素化】→【铜板雕刻】命令，在弹出的对话框中，将【类型】设置为【长线】，如图9-61所示。在【图层】面板上将此图层的【混合模式】设置为【柔光】，如图9-62所示。执行完铜板雕刻命令及柔光模式后效果如图9-63所示。

图9-61　铜板雕刻设置　　　　　图9-62　柔光混合模式　　　　　图9-63　铜板雕刻、柔光后效果

（7）新建图层2，将【前景色】设置为黑色（R：0、G：0、B：0），背景色设置为白色（R：255、G：255、B：255），如图9-64所示。将此图层随意填充一种颜色，执行【滤镜】

→【素描】→【半调图案】命令，如图9-65所示。在弹出的对话框中，将
【大小】设置为12，【对比度】设置为18，【图案类型】设置为网点，如
图9-66所示。执行完半调图案命令后效果如图9-67所示。

图9-64

　　（8）执行【选择】→【色彩范围】命令，如图9-68所示。在弹出的对
话框中选择白色，如图9-69所示，确定后单击Delete键删除白色部分，如图9-70所示。

图9-65　滤镜菜单

图9-66　半调图案设置

图9-67　设置完效果

图9-68　选择菜单

图9-69　色彩范围设置

图9-70　删除后效果

　　（9）执行【滤镜】→【风格化】→【风】命令，在弹出的对话框中，将【方法】设置为
【飓风】，将【方向】设置为【从右】，如图9-71所示。风设置后效果如图9-72所示。【图
层】面板上将此图层的【混合模式】设置为【柔光】，如图9-73所示。执行完柔光模式后效
果如图9-74所示。

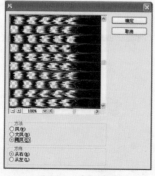

图9-71　选择菜单

图9-72　风设置后效果

图9-73　柔光混合模式

图9-74　设置柔光模式后效果

（10）合并除背景色的所有图层，用选框工具，选出需要的图案部分，其余裁切掉，执行【编辑】→【自由变换】命令或按快捷键Ctrl+T，缩放至合适大小，如图9-75所示。并复制一个复本隐藏起来，如图9-76所示。

图9-75　缩放至合适大小

图9-76

（11）使合并后的图层为当前层，执行【滤镜】→【扭曲】→【切变】命令，如图9-77所示。在弹出的对话框中，拖动关键点，使画面轻微扭曲，如图9-78所示。执行完切变后效果如图9-79所示。并把这一图层复制出一个图层来，如图9-80所示。

图9-77　选择菜单

图9-78　切变设置

图9-79　切变后效果

图9-80　复制出一个图层

（12）执行【文件】→【打开】命令。打开一张psd格式不带背景的衣挂图片，将衣挂拖拽到此文件合适的位置上，并将两个扭曲过的围巾执行【编辑】→【自由变换】命令或按快捷键Ctrl+T，缩放至合适大小与位置，如图9-81所示。并将使用套索工具 ⚲ 将接头处理好，如图9-82所示。

图9-81　放置好围巾

图9-82　处理接头效果

（13）暂时隐藏围巾主体与衣挂图层，打开图层副本。执行【编辑】→【自由变换】命令或按快捷键Ctrl+T，横向缩小，使其细长，并拷贝其一小段，与细长条呈十字交叉，如图9-83所示。

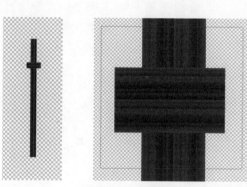

图9-83　交叉效果

（14）使拷贝的横条为当前层，并在其周围画一大点的选区。执行【滤镜】→【扭曲】→【球面化】命令，在弹出的对话框中，将【数量】设置为100%，如图9-84所示，效果如图9-85所示。执行【编辑】→【自由变换】命令或按快捷键Ctrl+T，将圆形缩放至合适大小，如图9-86所示。

图9-84　球面化设置

图9-85　球面化效果

图9-86　调整后效果

（15）接下来再执行【自由变换】工具将细条中间的位置紧缩，如图9-87所示。合并图层。并且多复制几个穗子图层，执行【滤镜】→【扭曲】→【切变】命令，在弹出的对话框中，拖动关键点，使画面轻微扭曲成各种样式，如图9-88所示。效果如图9-89所示。

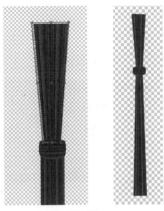

图9-87

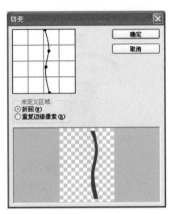

图9-88　切变设置

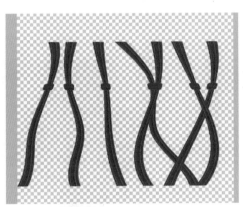

图9-89　完成效果

（16）打开所有图层，执行【编辑】→【自由变换】命令或按快捷键Ctrl+T，将穗子缩放至合适大小与位置，如图9-90所示。使用涂抹工具 ，强度调至47%，把围巾从上向下涂抹，并将接头处理好，如图9-91所示。

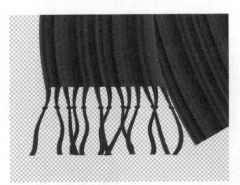

图9-90　切变设置

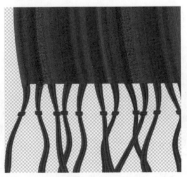

图9-91　切变设置

（17）将围巾主体部分再进行一下扭曲，使其看起来柔软，执行【滤镜】→【液化】命令，选择【向前变形工具】 ![] 及合适的画笔大小、密度、压力，来调整围巾弯曲变化，如图9-92所示。再选择【加深工具】 ![] 、【减淡工具】 ![] 对围巾再做一下修饰，如图9-93所示。

（18）最后为围巾加上背景及文字完成整个画面，选择渐变为图片添加背景，如图9-94所示。

图9-92　调整围巾弯度

图9-93　加深、减淡围巾

图9-94　添加文字效果

9.4.2　知识扩展

在滤镜组中风格化类滤镜使用频繁，主要通过置换像素并且查找和提高图像中的对比度，产生一种绘画式或印象派艺术效果。该滤镜组中除了本任务中用到的【风】还包括了查找边缘、等高线、浮雕效果、扩散、拼贴、曝光过度、凸出和照亮边缘8种滤镜。下面作一简单介绍。

【查找边缘】：该滤镜能查找图像中主色块颜色变化的区域，并将查找到的边缘轮廓描边，使图像看起来像用笔刷勾勒的轮廓。

【等高线】：该滤镜可以沿图像的亮部区域和暗部区域的边界绘制颜色比较浅的线条效果。执行完【等高线】命令后，计算机会把当前文件图像以线条的形式出现。

【浮雕效果】：该滤镜能通过勾画图像的轮廓和降低周围色值来产生灰色的浮凸效果。执行此命令后图像会自动变为深灰色，产生把图像里的图片凸出的视觉效果。

【扩散】：该滤镜通过随机移动像素或明暗互换，使图像看起来像透过磨砂玻璃观察的模糊效果。

【拼贴】：该滤镜会根据参数设置对话框中设定的值将图像分成小块. 使图像看起来像是由许多画在瓷砖上的小图像拼成的一样。

【曝光过度】：该滤镜能产生图像正片和负片混合的效果，类似摄影中的底片曝光。

【凸出】：该滤镜根据在对话框中设置的不同选项，为选区或整个图层上的图像制作一系列的块状或金字塔的三维纹理，比较适用于制作刺绣或编织工艺所用的一些图案。

【照亮边缘】：该滤镜能让图像产生比较明亮的轮廓线，形成一种类似霓虹灯的亮光效果。

9.4.3　案例操作

使用学习过的滤镜来完成下面这个牛仔裤布料的
制作，如图9-95所示。

图9-95　牛仔裤布料

9.5　外挂滤镜简述

Photoshop提供了一个开放的平台，我们可以将第三方厂商开发的滤镜以插件的形式安装
在Photoshop中使用。这些滤镜称为"外挂滤镜"。外挂滤镜不仅可以轻松完成各种特效，还
能够创造出Photoshop内置滤镜无法实现的神奇效果，因而倍受广大Photoshop爱好者的青睐。
外挂滤镜与一般程序的安装方法基本相同，只要注意将其安装在Photoshop CS5的Plug-in目录
下就可以。重新运行Photoshop，在【滤镜】菜单的底部便可以看见这些外挂滤镜。

重 难 点 知 识 回 顾

1．掌握滤镜的分类、滤镜的操作、内置的核心滤镜、智能滤镜基本理论知识。

2．运用滤镜库中渲染、像素化、模糊、扭曲、风格化、锐化、素描等滤镜组进行案例
设计与制作。

3．简单介绍外挂滤镜。

9.6　课后习题

一、单选题

1．下列滤镜可用于16位图像的是（　　）。

　　A．高斯模糊　　　B．水彩　　　　　　C．马赛克　　　　　D．USM锐化

2．下列滤镜只对RGB起作用的是（　　）。

　　A．马赛克　　　　B．光照效果　　　　C．波纹　　　　　　D．浮雕效果

3．如果一张照片的扫描结果不够清晰，可用下列（　　）滤镜弥补。

　　A．中间值　　　　B．风格化　　　　　C．USM锐化　　　　D．去斑

4．下列滤镜可以减少渐变中的色带（色带是指渐变的颜色过渡不平滑，出现阶梯状）的
是（　　）。

　　A．【滤镜】→【杂色】

　　B．【滤镜】→【风格化】→【扩散】

　　C．【滤镜】→【扭曲】→【置换】

　　D．【滤镜】→【锐化】→【USM锐化】

二．多选题

1．使用【云彩】滤镜时，在按住（　　）的同时选取【滤镜】→【渲染】→【云彩】命令，可生成对比度更明显的云彩图案。

    A．Alt键（Win）/ Option键（Mac）

    B．Ctrl键（Win）/ Command键（Mac）

    C．Ctrl+Alt键（Win）/ Command+Option键（Mac）

    D．Shift 键

2．选择【滤镜】→【纹理】→【纹理化】命令，弹出【纹理化】对话框，在【纹理】选项的弹出菜单中选择【载入纹理】可以载入和使用其他图像作为纹理效果。所有载入的纹理必须是（　　）格式。

    A．PSD   B．JPEG

    C．BMP   D．TIFF

3．有些滤镜效果可能占用大量内存，特别是应用于高分辨率的图像时，用以下（　　）种方法可提高工作效率。

    A．先在一小部分图像上试验滤镜和设置

    B．如果图像很大且有内存不足的问题时，可将效果应用于单个通道（例如应用于每个RGB通道）

    C．在运行滤镜之前先使用【清除】命令释放内存

    D．将更多的内存分配给 Photoshop。如果需要，可将其他应用程序退出，以便为 Photoshop提供更多的可用内存

    E．尽可能多的使用暂存盘和虚拟内存

4．下列关于滤镜的操作原则（　　）是正确的。

    A．滤镜不仅可用于当前可视图层，对隐藏的图层也有效

    B．将滤镜应用于位图模式（Bitmap）或索引颜色（Index Color）的图像

    C．有些滤镜只对RGB图像起作用

    D．只有部分滤镜可用于16 位/通道图像

学 习 目 标

图层混合模式是Photoshop中最核心的功能之一，也是在图像处理中最为常用的一种技术手段。使用图层混合模式可以创建各种图层特效，实现充满创意的平面设计作品。

10.1　图层混合模式的定义

在图层操作中，图层混合模式决定当前图层中的像素与其下面图层中的像素以何种模式进行混合，简称图层模式。

10.2　图层混合模式的分类

Photoshop CS5中有27种图层混合模式，每种模式都有其各自的运算公式。因此，对同样的两幅图像，设置不同的图层混合模式，得到的图像效果也是不同的。根据各混合模式的基本功能，大致分为6类，即：杂牌军（正常、溶解）、黑暗兵团（变暗、正片叠底、颜色加深、线性加深、深色）、明日帝国（变亮、滤色、颜色减淡、线性减淡、浅色）、突击队（叠加、柔光、强光、亮光、线性光、点光、实色混合）、排雷兵（差值、排除、减去、划分）和后群队（色相、饱和度、颜色、明度）。

10.3　任务一：混合模式中的杂牌军

任务目的：这一组的组员是Normal（正常）模式和Dissolve（溶解）模式，它们的特性是利用图层的不透明度及图层的填充值来控制下层的图像，达到与底色溶解在一起的效果。

10.3.1　教学案例

1. 案例背景

提起壁纸，眼下最流行的不是秀美的风景，也不是娇憨可爱的小宠物，而是那些完美的绘画图像。今天，我们就用Photoshop来制作这样一张精美的壁纸，放在桌面上，带给自己一个好心情！

2. 案例效果

完成后的效果如图10-1所示。

3. 案例操作步骤

（1）执行【文件】→【打开】命令。打开美女插画图片及玫瑰花图片文件，如图10-2、图10-3所示。

图10-1　完成的效果图

图10-2 美女插画

图10-3 玫瑰花图片

（2）把玫瑰花拖拽到美女插画上，单击【图层】面板下方的【添加图层蒙版】按钮，为素材2添加图层蒙版。设置【画笔工具】属性的混合模式为【溶解】，前景色为黑色，用【画笔】工具绘画，隐藏不需要的画面。

（3）新建图层2，设置前景色为红色（R：255、G：0、B：0），选择【画笔工具】属性的混合模式为【溶解】，使用【画笔】工具在花朵的位置进行绘画。设置图层2的【图层混合模式】为【溶解】，不透明度为50%，填充为100%。

（4）新建图层3，设置前景色为橘黄色（R：254、G：180、B：2），选择【画笔工具】属性的混合模式为【溶解】，使用【画笔】工具在人物头部的位置进行绘画。设置图层3的【图层混合模式】为【溶解】，不透明度为80%，填充为100%。

（5）单击工具箱中 横排文字蒙版工具 T 按钮，输入中文及英文并设置【图层混合模式】为【溶解】，不透明度为95%，填充为100%。效果如图10-4所示。

（6）图层示意图如图10-5所示，保存完成图像。

图10-4 输入文字效果

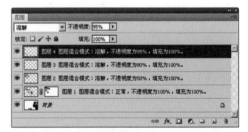

图10-5 图层示意图

10.3.2 知识扩展

正常模式下编辑每个像素，都将直接形成结果色，这是默认模式，也是图像的初始状态。

在此模式下，可以通过调节图层不透明度和图层填充值的参数，不同程度的显示下一层的内容。

溶解模式是用结果色随机取代具有基色和混合颜色的像素，取代的程度取决于该像素的不透明度。下一层较暗的像素被当前图层中较亮的像素所取代，达到与底色溶解在一起的效果。由于是根据任何像素位置的不透明度，其结果色由基色或混合色的像素随机替换。因此，溶解模式最好是同PS中的一些着色工具使用效果比较好，如画笔工具、橡皮擦工具等。基色是图像中的原稿颜色。混合色是通过绘画或编辑工具应用的颜色。结果色是混合后得到的颜色。

10.4 任务二：混合模式中的黑暗兵团

任务目的：这一组的组员是Darken（变暗）模式、Multiply（正片叠底）模式、Color Burn（颜色加深）模式、Linear Burn（线性加深）模式和深色模式。这一组成员主要通过滤除图像中的亮调图像，从而达到使图像变暗的目的。

10.4.1 教学案例1：招贴制作

1．案例背景

招贴是现代广告中使用最频繁、最广泛、最便利、最快捷和最经济的传播手段之一。它在视觉传达的诉求效果上最容易让人产生深刻印象。招贴的生命和灵魂在于创意。好的创意，能恰当地点破主题、提供新颖的表现手法，引人入胜，下面我们做一幅招贴设计。

2．案例效果

完成后的效果如图10-6所示。

3．案例操作步骤

（1）执行【文件】→【新建】命令。打开【新建】对话框，在【名称】文本框中输入新建图像的名称，设置【宽度】为10cm和【高度】为13.5cm，【分辨率】大小为120dpi，在【背景内容】列表框中选择白色，单击【确定】按钮。如图10-7所示。

图10-6 完成的效果图

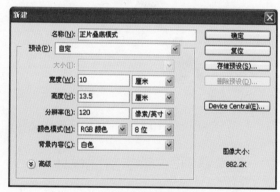

图10-7 新建文档

（2）设置前景色为紫色（R：255、G：0、B：255），按Alt＋Delete组合键填充前景色。

（3）打开图片1文件，如图10-8所示。并把图片1拖拽到新建文件上，调整其大小、角度和位置，为图层1。设置图层1的混合模式为【正片叠底】，不透明度为70%，填充为100%。

（4）打开图片2文件，如图10-9所示。并把图片2拖拽到图层1上，调整其大小、角度和位置，为图层2。设置图层2的混合模式为【线性加深】，不透明度为100%，填充为100%。

图10-8　图片1

图10-9　图片2

（5）打开图片3文件，如图10-10所示。并把图片3拖拽到图层2上，调整其大小、角度和位置，为图层3。设置图层3的混合模式为【正片叠底】，不透明度为100%，填充为100%。

（6）打开图片4文件，如图10-11所示。并把图片4拖拽到图层3上，调整其大小、角度和位置，为图层4。设置图层4的混合模式为【变暗】，不透明度为100%，填充为100%。

图10-10　图片3

图10-11　图片4

（7）图层示意图如图10-12所示，保存完成文件。

10.4.2　教学案例2：杂志封面设计

1．案例背景

杂志设计又叫期刊设计，每一本杂志封面的设计都是设计者艺术构思的结晶，是期刊内容的外在体现，下面我们对时尚杂志的封面人物进行设计。

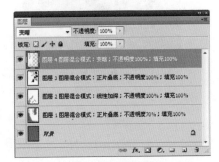
图10-12　图层示意图

2．案例效果

原图如图10-13所示，完成后的效果如图10-14所示。

图10-13 原图效果

图10-14 完成的效果图

3．案例操作步骤

（1）打开一张美女图片文件，如图10-15所示。

（2）打开一张带肌理的图片文件，如图10-16所示。并把美女图片拖拽到肌理图片上，调整其大小、角度和位置，为图层1。设置图层1的混合模式为【颜色加深】，不透明度为100%，填充为100%。

图10-15 美女图片

图10-16 肌理图片

（3）打开如图10-17所示的图片3，并把图片3拖拽到图层1上，调整其大小、角度和位置，为图层2。设置图层2的混合模式为【颜色加深】，不透明度为100%，填充为100%。

（4）打开如图10-18所示的图片4，并把素材4拖拽到图层2上，调整其大小、角度和位置，为图层3。设置图层3的混合模式为【颜色加深】，不透明度为100%，填充为100%。

（5）单击工具箱中 横排文字蒙版工具 T 按钮，输入英文COOL，并设置图层样式效果如图10-19所示。文字栅格化后拖拽到图层3上，调整其大小、角度和位置，为图层4。设置图层4的混合模式为【深色】，不透明度为100%，填充为100%。

图10-17　图片3

图10-18　图片4

（6）图层示意图如图10-20所示，保存完成文件。

COOL

图10-19　文字效果

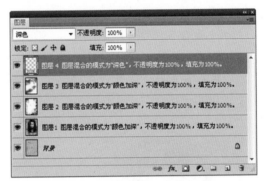

图10-20　图层示意图

10.4.3　知识扩展

变暗模式在混合时，是将绘制的颜色与基色之间的亮度进行比较，亮于基色的颜色都被替换，暗于基色的颜色保持不变。在变暗模式中，查看每个通道的颜色信息，并选择基色与混合色中较暗的颜色作为结果色。变暗模式导致比背景色更淡的颜色从结果色中去掉，如案例，浅色的图像从结果色中被去掉，被比它颜色深的背景颜色替换掉了。

正片叠底模式用于查看每个通道中的颜色信息，利用它可以形成一种光线穿透图层的幻灯片效果。其实就是将基色与混合色相乘，然后再除以255，便得到了结果色的颜色值，结果色总是比原来的颜色更暗。当任何颜色与黑色进行正片叠底模式操作时，得到的颜色仍为黑色，因为黑色的像素值为0；当任何颜色与白色进行正片叠底模式操作时，颜色保持不变，因为白色的像素值为255。

颜色加深模式用于查看每个通道的颜色信息，使基色变暗，从而显示当前图层的混合色。在与黑色和白色混合时，图像不会发生变化。

线性加深模式同样用于查看每个通道的颜色信息，不同的是，它通过降低其亮度使基色变暗来反映混合色。如果混合色与基色呈白色，混合后将不会发生变化。混合色为黑色的区域均显示在结果色中，而白色的区域消失，这就是线性加深模式的特点。

深色混合模式依据当前图像混合色的饱和度直接覆盖基色中暗调区域的颜色。基色中包含的亮度信息不变，以混合色中的暗调信息所取代，从而得到结果色。深色混合模式可反映背景较亮图像中暗部信息的表现。

10.5　任务三：混合模式中的明日帝国

任务目的：这一组的组员是Lighten（变亮）模式、Screen（滤色）模式、Color Dodge（颜色减淡）模式、Linear Dodge（线性减淡）模式和浅色模式。此类型的混合模式与黑暗兵团的混合模式刚好相反，是通过滤除图像中的暗调图像，从而达到使图像变亮的目的。

10.5.1　教学案例：更换婚纱照背景

1．案例背景

照片合成就是从一幅照片中将某一部分截取出来，和另外的背景进行合成。不要小看这一工作，我们生活中的很多图像制品都曾经经过这种加工，例如今天我们介绍的是婚纱照片合成，婚纱照片因为纱质衣料的透明质感会将背景若隐若现地显示出来，除了抠图，更重要的是对婚纱后面的背景的处理技巧。

2．案例效果

原图如图10-21所示，完成后的效果如图10-22所示。

图10-21　原图效果

图10-22　完成的效果图

3．案例操作步骤

（1）打开如图10-23所示的风景图片。

（2）按Ctrl+J组合键复制背景图层。设置图层的混合模式为【柔光】，不透明度为

100%，填充为100%。

（3）打开如图10-24所示的人物婚纱照片。并把其拖拽到背景副本图层上，调整其大小、角度和位置，为图层1。单击【图层】面板下方的【添加图层蒙版】按钮，为图层1添加图层蒙版。设前景色为黑色，用【画笔】工具绘画，隐藏不需要的画面。设置图层1的混合模式为【滤色】，不透明度为100%，填充为100%。

图10-23　风景图片

图10-24　人物婚纱照

（4）按Ctrl+J组合键复制图层1的婚纱图像，为图层1副本，为图层1副本重新添加【图层蒙版】，设前景色为黑色，用【画笔】工具绘画，隐藏不需要的画面。执行【图像】→【调整】→【色阶】命令或按快捷键Ctrl+L，打开【色阶】对话框，设置各项参数，如图10-25所示，设置图层1副本的混合模式为【正常】，不透明度为100%，填充为100%。

（5）图层示意图如图10-26所示，保存完成图像。

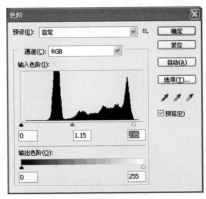

图10-25　【色阶】参数

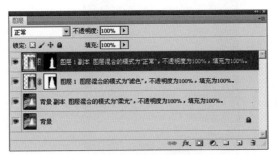

图10-26　图层示意图

10.5.2　知识扩展

变亮混合模式与变暗混合模式的结果相反。通过比较基色与混合色，把比混合色暗的像素替换，比混合色亮的像素不改变，从而使整个图像产生变亮的效果。

滤色混合模式与正片叠底模式相反，它查看每个通道的颜色信息，将图像的基色与混合色结合起来产生比两种颜色都浅的第三种颜色，就是将绘制的颜色与底色的互补色相乘，然后除以255得到的混合效果。通过该模式转换后的效果颜色通常很浅，像是被漂白一样，结果色总是较亮的颜色。由于滤色混合模式的工作原理是保留图像中的亮色，利用这个特点，通常在对丝薄婚纱进行处理时采用滤色模式。

颜色减淡混合模式用于查看每个通道的颜色信息，通过降低对比度使基色变亮，从而反映混合色，除了指定在这个模式的层上边缘区域更尖锐，以及在这个模式下着色的笔画之外，颜色减淡混合模式类似于滤色模式创建的效果。

线性减淡混合模式与线性加深混合模式的效果相反，它通过增加亮度来减淡颜色，产生的亮化效果比滤色模式和颜色减淡模式都强烈。工作原理是查看每个通道的颜色信息，然后通过增加亮度使基色变亮来反映混合色。与白色混合时图像中的色彩信息降至最低；与黑色混合不会发生变化。

浅色混合模式依据当前图像混合色的饱和度直接覆盖基色中高光区域的颜色。基色中包含的暗调区域不变，以混合色中的高光色调所取代，从而得到结果色。

10.6　任务四：混合模式中的突击队

任务目的：这一组的成员是Overlay（叠加）模式、Soft Light（柔光）模式、Hard Light（强光）模式、Vivid Light（亮光）模式、Linear Light（线性光）模式和Pin Light（实色混合）模式。主要用于不同程度的融合图像，使图像对比更强烈。

10.6.1　教学案例：制作爱情卡片

1．案例背景

图像合成是将几幅图像通过图层操作、工具应用合成完整的、传达明确意义的图像，这是美术设计的必经之路。Photoshop提供的图层混合模式让外来图像与创意很好地融合成为一体，达到更好的创作效果。下面我们设计一张爱情卡片。

2．案例效果

完成后的效果如图10-27所示。

3．案例操作步骤

（1）打开如图10-28所示的图片1及如图10-29所示的图片2文件，并把图片2拖拽到图片1上。调整其大小、角度和位置，为图层1。单击【图层】面板下方的【添加图层蒙版】按钮，为图层1添加图层蒙版。设前景色为黑色，背景色为白色，用【渐变工具】隐藏不需要的画面。设置图层1的混合模式为【线性光】，不透明度为100%，填充为100%。

图10-27　完成效果

图10-28　图片1

（2）打开如图10-30所示的图片3文件，并把图片3拖拽到图层1上。调整其大小、角度和位置，为图层2。设置图层2的混合模式为【叠加】，不透明度为80%，填充为100%。

图10-29　图片2

图10-30　图片3

（3）打开如图10-31所示的图片4文件，并把图片4拖拽到图层2上。调整其大小、角度和位置，为图层3。设置图层3的混合模式为【强光】，不透明度为100%，填充为100%。

（4）打开如图10-32所示的图片5文件，并把图片5拖拽到图层3上。调整其大小、角度和位置，为图层4。设置图层4的混合模式为【实色混合】，不透明度为100%，填充为100%。

图10-31　图片4

图10-32　图片5

（5）打开如图10-33所示文件小花，并把小花文件拖拽到图层4上。调整其大小、角度和位置，为图层5。设置图层5的混合模式为【柔光】，不透明度为100%，填充为100%。

（6）打开如图10-34所示"倾城之恋"文字图片，如图10-34所示，并把此文件拖拽到图层5上。调整其大小、角度和位置，为图层6。设置图层6的混合模式为【点光】，不透明度为100%，填充为100%。

图10-33　小花图片　　　　　　　　　　　　　　　图10-34　文字图片

（7）设置前景色为绿色（R：0、G：200、B：130），如图10-35所示，单击【文字工具】，输入文字"我爱你，不用很久，一生一世就够了。让我的爱伴随你直到永远，漫漫长路拥有不变的心，在相对的视线里才发现什么是缘，一生之中最难得有一个知心爱人，不管是现在，还是未来，我们彼此都保护好今天的爱"。设置文字图层的混合模式为【亮光】，不透明度为100%，填充为100%。

（7）图层示意图如图10-36所示，保存完成图像的制作。

图10-35　前景色

图10-36　图层示意图

10.6.2　知识扩展

叠加混合模式实际上是正片叠底模式和滤色模式的一种混合模式。该模式是将混合色与基色相互叠加，也就是说底层图像控制着上面的图层，可以使之变亮或变暗。比50%暗的区域将采用正片叠底模式变暗，比50%亮的区域则采用滤色模式变亮。

柔光混合模式的效果与发散的聚光灯照在图像上相似。该模式根据混合色的明暗来决定图像的最终效果是变亮还是变暗。如果混合色比基色更亮一些，那么结果色将更亮；如果混合色比基色更暗一些，那么结果色将更暗，使图像的亮度反差增大。

强光混合模式是正片叠底模式与滤色模式的组合。它可以产生强光照射的效果，根据当前图层颜色的明暗程度来决定最终的效果变亮还是变暗。如果混合色比基色的像素更亮一些，那么结果色更亮；如果混合色比基色的像素更暗一些，那么结果色更暗。这种模式实质上同柔光模式相似，区别在于它的效果要比柔光模式更强烈一些。在强光模式下，当前图层中比50%灰色亮的像素会使图像变亮；比50%灰色暗的像素会使图像变暗，但当前图层中纯黑色和纯白色将保持不变。

亮光混合模式通过增加或减小对比度来加深或减淡颜色的。如果当前图层中的像素比50%灰色亮，则通过减小对比度的方式使图像变亮；如果当前图层中的像素比50%灰色暗，则通过增加对比度的方式使图像变暗。亮光模式是颜色减淡模式与颜色加深模式的组合，它可以使混合后的颜色更饱和。

线性光混合模式是线性减淡模式与线性加深模式的组合。线性光模式通过增加或降低当前图层颜色亮度来加深或减淡颜色。如果当前图层中的像素比50%灰色亮，可通过增加亮度使图像变亮；如果当前图层中的像素比50%灰色暗，则通过减小亮度使图像变暗。与强光模式相比，线性光模式可使图像产生更高的对比度，也会使更多的区域变为黑色或白色。

点光混合模式其实就是根据当前图层颜色来替换颜色。若当前图层颜色比50%的灰亮，则比当前图层颜色暗的像素被替换，而比当前图层颜色亮的像素不变；若当前图层颜色比50%的灰暗，则比当前图层颜色亮的像素被替换，而比当前图层颜色暗的像素不变。

实色混合模式下当混合色比50%灰色亮时，基色变亮；如果混合色比50%灰色暗，则会使底层图像变暗。该模式通常会使图像产生色调分离的效果减小填充不透明度时，可减弱对比强度。

10.7　任务五：混合模式中的排雷兵

任务目的：这一组的成员是Difference（差值）模式、Exclusion（排除）模式、（减去）模式和（划分）模式。它们的共同点是使图像前后对比产生非常大的反差，主要用于制作各种图像的另类、反色效果。

10.7.1　教学案例：制作梦幻主题创意图片

1．案例背景

梦幻主题创意图片有着独特的色调，给人唯美浪漫的感觉。下面我们就用差值混合模式将一幅普通的蝴蝶照片处理成梦幻色调。

2．案例效果

原图如图10-37所示，完成后的效果如图10-38所示。

图10-37 原图效果

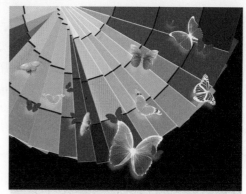

图10-38 完成的效果图

3．案例操作步骤

（1）打开如图10-37所示的文件。

（2）按Ctrl+J组合键，复制背景图层，为图层1。

（3）选择背景图层，设置前景色为白色，按Alt+Delete组合键进行填充。

（4）选择图层1，设置图层1的混合模式为【差值】，不透明度为100%，填充为100%。

（5）图层示意图如图10-39所示，保存完成图像。

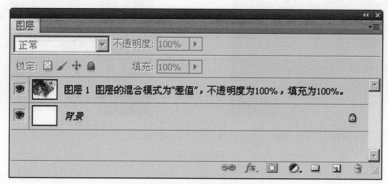

图10-39 图层示意图

10.7.2 知识扩展

差值混合模式将混合色与基色的亮度进行对比，用较亮颜色的像素值减去较暗颜色的像素值，所得差值就是最后效果的像素值。

排除混合模式与差值模式相似，但排除模式具有高对比和低饱和度的特点，比差值模式的效果要柔和，明亮。白色作为混合色时，图像反转基色而呈现；黑色作为混合色时，图像不发生变化。

减去模式是查看每个通道中的颜色信息，并从基色中减去混合色。在 8 位和 16 位图像中，任何生成的负片值都会剪切为零。

划分模式是查看每个通道中的颜色信息，并从基色中分割混合色。

10.8 混合模式中的后群队

任务目的：这一组的组员是Hue（色相）模式、Saturation（饱和度）模式、Color（颜色）模式和Luminosity（明度）模式。主要依据上层图像中的颜色信息，不同程度的映衬下面图层上的图像。

10.8.1 教学案例1：照片着色

1．案例背景

照片着色有很多种办法，下面我们用混合模式中的颜色为照片进行着色，使黑白照片变成彩色照片。

2．案例效果

原图如图10-40所示，完成后的效果如图10-41所示。

图10-40 原图效果

图10-41 完成的效果图

3．案例操作步骤

（1）打开如图10-40所示的黑白图片。

（2）新建图层1，设置前景色为（R：177、G：150、B：66），按Alt+Delete组合键填充图层1，设置图层1的混合模式为【颜色】，不透明度为100%，填充为100%。

（3）新建图层2，设置前景色为（R：255、G：163、B：2），选择【画笔工具】，设置笔刷硬度为0%，选择合适的笔尖大小对橘黄色小球的投影进行绘画，设置图层2的混合模式为【颜色】，不透明度为100%，填充为100%。

（4）新建图层3，设置前景色为（R：255、G：0、B：255），选择【画笔工具】，设置笔刷硬度为0%，选择合适的笔尖大小对紫色小球的投影进行绘画，设置图层3的混合模式为【颜色】，不透明度为100%，填充为50%。

（5）新建图层4，设置前景色为（R：0、G：255、B：0），选择【画笔工具】，设置笔刷硬度为0%，选择合适的笔尖大小对绿色小球的投影进行绘画，设置图层4的混合模式为【颜色】，不透明度为100%，填充为50%。

（6）新建图层5，设置前景色为（R：0、G：0、B：255），选择【画笔工具】，设置笔刷硬度为0%，选择合适的笔尖大小对蓝色小球的投影进行绘画，设置图层5的混合模式为【颜色】，不透明度为100%，填充为100%。

（7）新建图层6，选择【椭圆选框工具】，设置羽化为50px，如图10-42所示，对绿色小球绘画选区，设置前景色为（R：0、G：255、B：0），按Alt+Delete组合键填充图层6；设置图层6的混合模式为【颜色】，不透明度为100%，填充为100%。

图10-42　羽化设置

（8）新建图层7，选择【椭圆选框工具】，设置羽化为50px，对蓝色小球绘画选区，设置前景色为（R：0、G：0、B：255），按Alt+Delete组合键填充图层7；设置图层7的混合模式为【颜色】，不透明度为100%，填充为100%。

（9）新建图层8，选择【椭圆选框工具】，设置羽化为50px，对紫色小球绘画选区，设置前景色为（R：255、G：0、B：255），按Alt+Delete组合键填充图层8；设置图层8的混合模式为【颜色】，不透明度为100%，填充为100%。

（10）新建图层9，选择【椭圆选框工具】，设置羽化为50px，对橘黄色小球绘画选区，设置前景色为（R：255、G：163、B：2），按Alt+Delete组合键填充图层9；设置图层9的混合模式为【颜色】，不透明度为100%，填充为100%。

（11）新建图层10，设置前景色为（R：173、G：131、B：7），选择【画笔工具】，设置笔刷硬度为0%，选择合适的笔尖大小对球链进行绘画，设置图层10的混合模式为【颜色】，不透明度为100%，填充为100%。

（12）图层示意图如图10-43所示，保存完成图像。

图10-43　图层示意图

10.8.2 教学案例2：制作卡通桔子

1. 案例背景

动画是一门幻想艺术，更容易直观表现和抒发人们的感情，可以把现实不可能看到的转为现实，扩展了人类的想像力和创造力。下面我们对一幅桔子照片进行卡通化处理。

2. 案例效果

原图如图10-44所示，完成后的效果如图10-45所示。

图10-44　原图效果

图10-45　完成的效果图

3. 案例操作步骤

（1）打开如图10-46、图10-47所示的桔子与小孩照片，并把小孩拖拽到桔子上。调整其大小、角度和位置，为图层1。单击【图层】面板下方的【添加图层蒙版】按钮███，为图层1添加图层蒙版。设前景色为黑色，背景色为白色，用【画笔工具】对小孩进行绘画，隐藏不需要的画面。设置图层1的混合模式为【明度】，不透明度为100%，填充为100%。

图10-46　桔子

图10-47　小孩

（2）图层示意图如图10-48所示，保存完成图像。

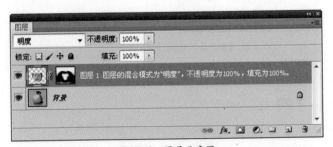

图10-48　图层示意图

10.8.3 知识扩展

色相混合模式是选择基色的亮度和饱和度值与混合色进行混合而创建的效果，混合后的亮度及饱和度取决于基色，但色相取决于混合色。

饱和度混合模式是在保持基色色相和亮度值的前提下，只用混合色的饱和度值进行着色。基色与混合色的饱和度值不同时，才使用混合色进行着色处理。若饱和度为0，则与任何混合色叠加均无变化。当基色不变的情况下，混合色图像饱和度越低，结果色饱和度越低；混合色图像饱和度越高，结果色饱和度越高。

颜色混合模式引用基色的明度和混合色的色相与饱和度创建结果色。它能够使用混合色的饱和度和色相同时进行着色，这样可以保护图像的灰色色调，但结果色的颜色由混合色决定。颜色模式可以看作是饱和度模式和色相模式的综合效果，一般用于为图像添加单色效果。

明度混合模式使用混合色的亮度值进行表现，而采用的是基色中的饱和度和色相。与颜色模式的效果意义恰恰相反。

1．掌握各种图层混合模式的特点。

2．了解并运用各种图层混合模式制作图层特效实例。

10.9 课后习题

一、填空题

1．混合模式决定的是当前图层的像素与它下面的图层像素的合成模式，在【图层】面板上的【混合模式】下拉列表中例举了_____种合成模式。

2．根据各混合模式的基本功能，大致分为6类，即：_____、_____、_____、_____、_____。

3．混合模式中的黑暗兵团包括_____模式、_____模式、_____模式、_____模式、_____模式、_____模式。

4．叠加、柔光、强光、亮光、线性光、点光、实色混合指的是混合模式中的_____。

二、选择题

1．下列关于"颜色减淡"（Color Dodge）和"颜色加深"（Color Burn）模式的描述，正确的是（　　）。

A．选择"颜色减淡"（Color Dodge）模式，当用白色画笔在彩色图像上绘图时，得到白色的结果

B．选择"颜色减淡"（Color Dodge）模式，当用白色画笔在彩色图像上绘图时，没有任何变化

C．选择"颜色加深"（Color Burn）模式，当用白色画笔在彩色图像上绘图时，没有任何变化

D．选择"颜色加深"（Color Burn）模式，当用白色画笔在彩色图像上绘图时，得到白色的结果

2．如图10-49、图10-50所示：左图为原图，右图为使用复制图层副本水平反转的效果，要达到如图所示效果，应该在混合模式中选择（　　）模式进行绘制。

 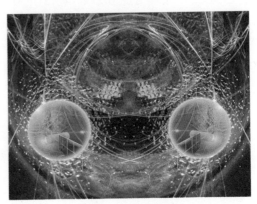

图10-49　原图效果　　　　　　　　　　　　　图10-50　完成的效果图

A．变亮　　　　　B．正片叠底　　　　C．变暗　　　　D．浅色

3．如图10-51至图10-53所示：左图为原图，中间为素材图，右图为效果图，把素材图放到原图上方，要达到如图所示效果，应该在混合模式中选择（　　）模式进行绘制。

图10-51　原图效果　　　　　　图10-52　渐变素材　　　　　　图10-53　完成的效果图

A．色相　　　　　B．滤色　　　　　C．正片叠底　　　　D．柔光

4．如图10-54至图10-56所示：左图为原图，中间为素材图，右图为效果图。制作步骤：（1）复制图层副本并执行【滤镜】→【高斯模糊】命令，设置半径为10，图层混合模式为【强光】的效果；（2）把红色素材放到背景副本上方，设置混合模式，要达到如图所示效果，红色图层的混合模式应选择（　　）模式。

图10-54　原图效果

图10-55　红色素材

图10-56　完成的效果图

A．饱和度　　　　B．叠加　　　　　C．溶解　　　　D．颜色

11

图像处理程序化

Photoshop提供了自动处理图像的功能。如动作、批处理等，这些功能为用户统一、快速地处理图像提供了便利。通过本章的学习，要理解动作的含义，掌握动作的录制与执行的方法，对成批的图像进行相同的操作。

11.1 认识动作面板

动作就是一个命令序列。在执行动作时，系统会自动执行其中包含的命令，从而快速完成图像的处理。

执行【窗口】→【动作】命令或按Alt+F9组合键，可以打开如图11-1所示的【动作】面板。

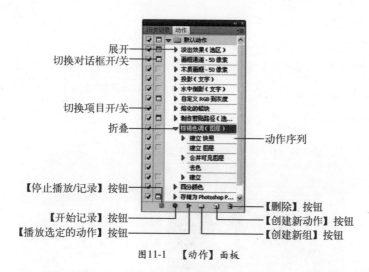

图11-1 【动作】面板

【动作】面板具体介绍如下：

（1）默认动作：在默认设置下只有一个默认动作组，组名称的左侧显示一个组图标 ，表示这是一个动作的集合。

（2）切换项目开/关 ：一般情况下，动作组前带有√号，并呈黑色，表示该组中的所有动作和命令都可以执行；若没有√号，则表示组中的所有动作都不能执行。

（3）切换对话框开/关 ：当出现 图标时，在执行动作过程中，会弹出一个对话框，并暂停动作的执行，直到用户进行确认操作后才能继续。若无 图标，则Photoshop会按动作中的设置逐一往下执行。

（4）展开 ：单击该按钮，可以展开组或动作，显示其中的所有动作或命令。

（5）折叠 ：单击该按钮，可以折叠组或动作，最终只显示组名称。

（6）【停止播放/记录】按钮 ：只有在记录动作或播放动作时，该按钮才可以使用，单击它可以停止当前的记录或播放操作。

（7）【开始记录】按钮⬤：用于记录一个新动作。处于记录状态时，该按钮呈红色。

（8）【播放选定的动作】按钮▶：可以执行当前选定的动作。

（9）【创建新组】按钮▢：可以新建一个组，以便存放新的动作。

（10）【创建新动作】按钮▣：新建一个新动作，新建的动作会出现在当前选定的组中。

（11）【删除】按钮🗑：可将当前选定的命令、动作或动作组删除。

（12）【动作】面板菜单：单击【动作】面板右上角的面板菜单按钮▼☰，可打开【动作】面板菜单，从中可以选择动作功能选项。

11.2　动作的应用

11.2.1　应用预设

具体操作步骤如下。

（1）执行【文件】→【打开】命令。打开需要处理的图片文件。

（2）执行【窗口】→【动作】命令或按Alt+F9组合键，可以打开【动作】面板。

（3）单击面板上的【默认动作】动作组，展开自带的动作，并选择其中的【棕褐色调（图层）】动作选项，如图11-2所示。

图11-2　动作的选用

（4）单击面板下方的【播放选定的动作】按钮▶，原始图片发生了改变，处理前后的图像的效果如图11-3和图11-4所示。

图11-3 动作的选用原图

图11-4 动作的选用效果图

11.2.2 创建新动作

创建新动作,并为其命名,以便与其他动作加以区分。

创建新动作的具体步骤如下:

(1)单击【动作】面板上的【创建新动作】按钮🔲,弹出【新建动作】对话框,如图11-5所示。

图11-5 【新建动作】对话框

(2)在【名称】框中输入新建的动作名称,在【功能键】下拉列表中可以设置快捷键,然后单击【记录】按钮。

(3)对图片进行操作,【动作】面板将自动存储操作的一系列步骤,操作完毕后单击【停止播放/记录】按钮🔲。新的动作创建完毕。

11.2.3 编辑动作预设

1. 在动作中插入停止项目

在动作播放的过程中,常需要暂停一下作以提示,这时需要在动作中插入停止项目,其操作方法如下:

（1）在【动作】面板中选中要插入停止项目的前一个步骤。

（2）单击面板菜单按钮▼≡，在打开的菜单中选中【插入停止】命令。

（3）弹出【记录停止】对话框，如图11-6所示。输入提示信息，用来解释停止的目的，单击【确定】按钮。当播放到该步骤时，会弹出一个对话框，并暂停动作的执行，显示此信息，直到用户进行确认操作后才能继续。

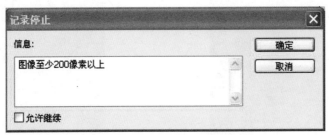

图11-6　【记录停止】对话框

2．复制动作

要复制某个动作，先在【动作】面板中选中该动作，然后单击面板菜单按钮▼≡，在打开的菜单中选中【复制】命令，即可在该动作的后面添加一个相同的操作。

3．删除动作

在【动作】面板中选中要删除的动作，然后单击【动作】面板中的【删除】按钮🗑，即可删除该动作。

11.3　任务一：预设快速调整图像色调

任务目的：掌握新动作创建的方法。

教学案例

1．案例背景

现在人们经常会通过色调的调整，将照片做旧，体现一种怀旧的情怀。我们将这种调整的方法设置为动作，快速地调整图像的色调。

2．案例效果

原图如图11-7所示，完成后的效果如图11-8所示。

3．案例操作步骤

（1）执行【文件】→【打开】命令。打开需要处理的图片文件。

（2）执行【窗口】→【动作】命令或按Alt+F9组合键，可以打开【动作】面板。

（3）单击【动作】面板上的【创建新动作】按钮🗖，弹出【新建动作】对话框，在【名称】框中输入新建的动作名称，如图11-9所示，然后单击【记录】按钮。

图11-7 原图效果

图11-8 完成的效果图

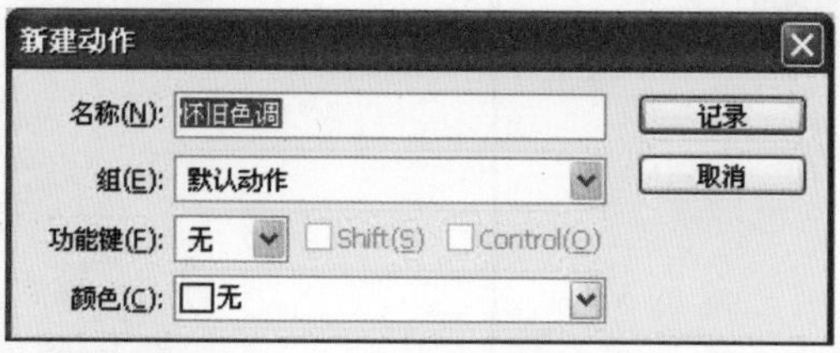

图11-9 【新建动作】对话框

（4）执行【图像】→【调整】→【阴影/高光】命令，弹出对话框，勾选【显示更多选项】复选框，在弹出的对话框中进行设置，如图11-10所示。单击【确定】按钮，效果如图11-11所示。

图11-10 【阴影/高光】对话框

图11-11 设置阴影高光效果图

（5）执行【图像】→【调整】→【渐变映射】命令，弹出【渐变映射】对话框，如图11-12所示。单击【点按可编辑渐变】按钮，弹出【渐变编辑】器对话框，在位置选项中分别输入0、41、100三个位置点，分别设置三个位置点颜色的RGB值为：0（12、6、102），41（233、150、5），100（248、234、195），如图11-13所示。单击【确定】按钮，返回到【渐变映射】对话框。单击【确定】按钮，效果如图11-14所示。

图11-12 【渐变映射】对话框

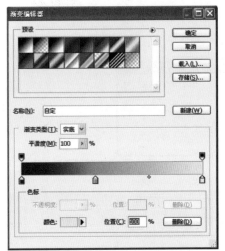

图11-13 【渐变编辑器】对话框

图11-14 设置渐变映射效果图

(6) 执行【图像】→【调整】→【色阶】命令，弹出【色阶】对话框，进行如图11-15所示的设置。单击【确定】按钮，效果如图11-16所示。

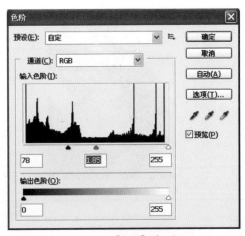

图11-15 【色阶】对话框

图11-16 设置色阶效果图

(7) 执行【图像】→【调整】→【色相/饱和度】命令，弹出【色相/饱和度】对话框，进行如图11-17所示的设置。单击【确定】按钮，完成图像色调的调整。

（8）单击【动作】面板上的【停止播放/记录】按钮█，完成【怀旧色调】的动作的创建。

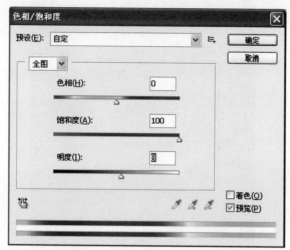

图11-17 【色相/饱和度】对话框

11.4 自动化的应用

11.4.1 photomerge命令的应用

用相机拍出几张同一背景不同角度的照片，需要注意的是，拍这种照片时应尽量保持中心线一致，且前一张与后一张需要有三分之一以上的重叠。另外转动角度也不宜过大，否则会影响合成效果，甚至不能成功。

添加要合成的超广角照片的素材2～3张。

执行【文件】→【自动】→【photomerge】命令，添加打开的文件并确定。这时功能强大的Photoshop便会自动将照片合成。

11.4.2 裁切并修齐照片

【裁切并修齐照片】命令有助于将一次扫描的多个图像分成多个单独的图像文件。为了获得最佳结果，应该在要扫描的图像之间保持1/8英寸的间距，而且背景（通常是扫描仪的台面）应该是没有什么杂色的均匀颜色。【裁切并修齐照片】命令最适于外形轮廓十分清晰的图像的裁切。

其方法如下：

（1）执行【文件】→【打开】命令。打开需要处理的文件。如图11-18所示。

（2）执行【文件】→【自动】→【裁切并修齐照片】命令，Photoshop会自动将各个图像分别裁切形成形状规则的多个图像文件，如图11-19至图11-24所示。

图11-18　需载切并修齐的图片

图11-19　载切图片1

图11-20　载切图片2

图11-21　载切图片3

图11-22　载切图片4

图11-23　载切图片5

图11-24　载切图片6

11.4.3　批处理图像的应用

　　前面介绍的是单个文件自动化处理的常用方法，当有很多的文件都需要进行同样的处理时，这就需要使用批处理功能了。

批处理是指将动作应用到所有的目标文件。可以通过批处理来完成大量相同的、重复性的操作，实现图像处理的自动化，以节省时间，提高工作效率。

批处理的方法如下：

（1）执行【文件】→【自动】→【批处理】命令，弹出【批处理】对话框，在动作下拉列表框中选择动作名称，这里将所有RGB色彩模式的图像均转换为灰度图像，如图11-25所示。

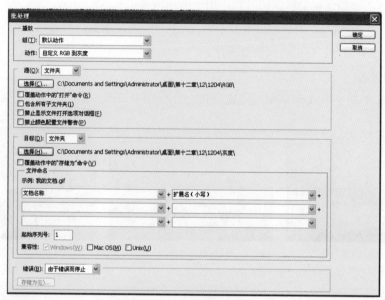

图11-25 【批处理】对话框

（2）在【源】下拉列表中选择【文件夹】选项，然后单击【选择】按钮，选择需要进行批处理文件所在的文件夹。

（3）在【目标】下拉列表中，选择【文件夹】选项，然后单击【选择】按钮，选择存放处理后的文件的位置，最后单击【确定】按钮，进行批处理操作。

（4）Photoshop对于源文件夹中的每张图片进行处理时，会弹出【通道混合器】对话框，如图11-26所示，单击【确定】按钮，Photoshop将对源文件夹中的下一张图片进行处理，直到源文件夹中的所有图片文件都处理完成。处理前后的效果如图11-27和图11-28所示。

图11-26 【通道混合器】对话框

图11-27 RGB色彩模式图

图11-28 灰度图

11.5　任务二：快速合成广角镜头下的图像

任务目的：使用【photomerge】命令快速合成图像的方法。

教学案例

1. 案例背景

有的时候，在拍摄风景照片的时候，由于所用的相机镜头的限制，不能将大范围的景物完全拍摄下来。那么，我们可以在同一位置，从不同的角度拍摄，然后通过使用Photoshop中的【photomerge】命令，合成一张全景照片。

2. 案例效果

原图如图11-29至图11-31所示，完成后的效果如图11-32所示。

图11-29　照片1

图11-30　照片2

图11-31　照片3

图11-32　全景效果图

3. 应用【photomerge】命令拼接照片

拼接照片的操作方法如下：

（1）执行【文件】→【自动】→【photomerge】命令，弹出【photomerge】对话框，如图11-33所示。在【使用】下拉列表中选择【文件】选项，然后单击【浏览】按钮。

（2）弹出【打开】对话框，从中选择要拼接的照片，如图11-34所示，然后单击【确定】按钮。

（3）选中的文件自动添加到【photomerge】对话框中的预览区内，在该对话框中选中【自动】单选项，如图11-35所示，然后单击【确定】按钮。

（4）系统在工作区中自动根据图像边缘进行合并，效果如图11-36所示。

（5）选取【裁剪】工具，对图像内容进行取舍，如图11-37所示。

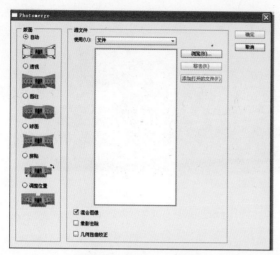

图11-33 photomerge对话框

图11-34 选择拼接的图片

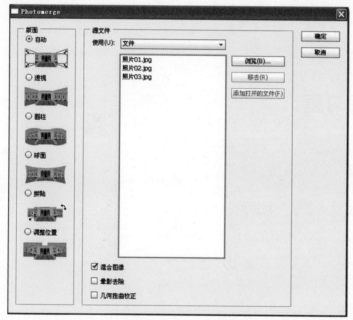

图11-35 版面自动设置

图11-36 图片拼合效果

图11-37　图片裁切

（6）得到满意效果后按Enter键进行裁切，最终得到全景图。

重 难 点 知 识 回 顾

1．掌握预设动作的应用、创建与修改。

2．掌握自动化命令的应用，包括【photomerge】命令、裁剪并修齐照片和批处理。

11.6 课后习题

一、填空题

1．动作功能是将一系列的_____组合成一个单独动作，执行这个单独的动作就相当于执行了这一系列的命令，从而使执行任务实现_____。

2．使用_____可以记录、播放、编辑和删除动作，也可以存储、载入和替换动作命令。

二、选择题

1．下列关于动作（Action）的描述正确的是（　　）。

A．使用【动作】调板可以记录、播放、编辑或删除单个动作。还可以存储和载入动作文件

B．ImageReady 中不允许创建动作【序列】(Set)，但可以在 ImageReady Actions 文件夹中手工组织动作

C．Photoshop 和 ImageReady 附带了许多预定义的动作，不过 Photoshop 中的动作较ImageReady 多很多。可以按原样使用这些预定义的动作，根据自己的需要对它们进行自定义，或者创建新的动作。

D．在 Photoshop和ImageReady 中，都可以创建新动作【序列】（Set）以便更好地组织动作

2．下列关于动作（Action）的描述正确的是（　　）。

　　A．所谓"动作"就是对单个或一批文件回放一系列命令

　　B．大多数命令和工具操作都可以记录在动作中，动作可以包含暂停，这样可以执行无法记录的任务（如使用绘画工具等）

　　C．所有的操作都可以记录在【动作】调板中

　　D．在播放动作的过程中，可在对话框中输入数值

三、思考题

创建动作的步骤是什么？

参考文献

[1] 李金明，李金荣著．Photoshop CS5 完全自学教程．北京：人民邮电出版社，2010．

[2] 余辉，胡爱萍编著．Photoshop 图像处理．北京：东方出版中心，2008．

[3] 施教芳，汪超顺，李长久编著．Photoshop CS4平面设计高级教程．北京：中国青年出版社，2010．

[4] 锐艺视觉著．Photoshop CS4从入门到精通．北京：中国青年出版社，2009．

[5] 洪光，赵卓著．Photoshop图形图像处理案例教程．北京：北京大学出版社，2009．

[6] 周雅铭著．Photoshop 基础教程．北京：中国传媒大学出版社，2009

[7] 邹利华著．Photoshop CS3平面设计教程．北京：机械工业出版社，2009

[8] 郭蔓蔓编著．Photoshop CS3平面广告设计．北京：中国青年出版社，2009．

[9] 李小菊、黄鑫著．Photoshop CS3广告包装设计案例教程．北京：兵器工业出版社，北京科海电子出版社，2008．

[10] 锐艺视觉著．Photoshop CS4技术精粹与平面广告设计．北京：中国青年出版社，2010．

[11] 谢立群著．Photoshop CS+Illustrator平面设计创作实例教程．北京：人民邮电出版社，2009．

[12] 冯志刚，周晓峰，李卓著．最新中文版Photoshop CS5标准教程．北京：中国青年出版社，2010．

[13] 创锐设计著．Photoshop CS5中文版从入门到精通．北京：科学出版社，2011．

[14] 腾龙视觉、吴永泉著．Photoshop CS5完美广告设计从入门到精通．北京：人民邮电出版社，2010．